CHEMOINFORMATICA
Soluzioni e strumenti per scienze e tecnologie biomediche

T0178664

Massimo Mabilia
M. Bacilieri • A. Bassan • L. Broccardo •
E. Fioravanzo • S. Moro • L. Sartori • M. Stocchero

CHEMOINFORMATICA

Soluzioni e strumenti per scienze e tecnologie biomediche

Presentazione a cura di
Angelo Fiori

 Springer

Massimo Mabilia
S-IN Soluzioni Informatiche
Vicenza

Serie Springer Biomed *a cura di*

Maria Rita Micheli
Dipartimento di Biologia Cellulare
e Ambientale
Università di Perugia
Perugia

Rodolfo Bova
Dipartimento di Medicina Sperimentale
e Scienze Biochimiche
Università di Perugia
Perugia

ISBN 978-88-470-2408-3   ISBN 978-88-470-2409-0 (eBook)

DOI 10.1007/978-88-470-2409-0

© Springer-Verlag Italia 2012

9 8 7 6 5 4 3 2 1   2012 2013 2014 2015

Layout copertina: Simona Colombo, Milano

Impaginazione: Graphostudio, Milano
Stampa: Grafiche Porpora S.r.l., Segrate (MI)

Springer-Verlag Italia S.r.l., Via Decembrio 28, I-20137 Milano
Springer fa parte di Springer Science+Business Media (www.springer.com)

Presentazione

Fino agli sgoccioli del XX secolo un ricercatore impegnato in laboratorio nella sintesi di nuovi composti o nella analisi di campioni chimici si poteva vantare di essere a proprio agio più con l'attrezzatura che con il computer. Questo strumento era, in quel tempo non lontano, spesso considerato solo un'evoluta macchina per scrivere, utile per riportare i risultati degli esperimenti. In realtà la chimica computazionale aveva già una storia alle spalle, e la chemiometria aveva già assunto un ruolo di primo piano nella chimica analitica, ma pratica sperimentale e uso degli strumenti informatici erano visti come ambiti separati, che potevano anche integrarsi, ma a patto di essere affrontati da persone diverse, formate con specifici percorsi culturali. Le cose sono cambiate velocemente, e oggi il tempo speso davanti al computer tende a superare quello dedicato alle attività sperimentali, anche per chi si senta più portato verso queste ultime.

Il processo che ha gradualmente condotto alla necessità di integrare competenze chimiche e informatiche è probabilmente iniziato con la consultazione dei documenti bibliografici e con l'esigenza di disegnare formule e reazioni da inserire in presentazioni o pubblicazioni. Poi, grazie ai progressi degli algoritmi e alla semplificazione dell'interfaccia di programmi dedicati a funzioni utili per il chimico, la separazione dei due ambiti si è progressivamente ridotta, e oggi è impensabile non prevedere, nel bagaglio culturale di una persona interessata alla chimica, la conoscenza di strumenti per catalogare, ricercare e analizzare informazioni sulla struttura dei composti, o per stimare in modo facile e veloce proprietà chimiche di vario interesse. Al contrario, la prospettiva che si intravede in questo momento è quella di un'integrazione sempre più completa ed efficiente di diversi tipi di informazione chimica, con lo sviluppo di modelli predittivi per proprietà sempre più complesse. Integrazione e sviluppo che consolideranno ulteriormente il ruolo funzionale della chemoinformatica nelle situazioni in cui il chimico si trovi a prendere decisioni importanti per i propri progetti. È pertanto più che mai necessario prevedere, nei processi di formazione per ricercatori, tecnici e personale delle autorità regolatorie, momenti specificamente dedicati all'apprendimento delle basi della chemoinformatica e alle sue principali applicazioni.

Semplificando una situazione estremamente sfaccettata, gli strumenti che la chemoinformatica mette a disposizione si possono suddividere in tre gruppi, caratterizzati rispettivamente dall'impiego dell'analisi statistica, della simulazione e della gestione dei dati. Questi strumenti possono essere utili nella progettazione di composti finalizzata a ottimizzarne certe proprietà, nell'interpretazione di dati analitici, nella previsione del destino metabolico o dell'impatto ambientale di composti chimici, oppure nella catalogazione e classificazione di grandi elenchi di sostanze. Ciò che contraddistingue i metodi chemoinformatici è la gestione razionale di diversi tipi di informazione, legati alla natura chimica di composti o miscele, in senso estremamente lato. L'informazione chimica, la cui complessità rende necessario l'impiego di mezzi informatici per gestirla, può essere costituita da semplici stringhe che riportano in forma concisa la struttura dei composti (atomi e loro connettività), così come da grandi matrici di dati che ne descrivono le proprietà spaziali; oppure da valori numerici relativi a proprietà dei composti, sia di origine sperimentale che derivanti dall'applicazione di algoritmi all'informazione strutturale; oppure da codici che permettono di stabilire relazioni tra i campi di banche dati contenenti documenti di vario genere. In questo ambito i processi di costruzione, valutazione e impiego di modelli costituiscono il momento centrale dell'impiego di tutta questa informazione, almeno per quanto riguarda le relazioni tra la struttura dei composti chimici e le loro proprietà. Generalizzando, si potrebbe affermare che gran parte del lavoro scientifico consiste nella creazione e formalizzazione di modelli.

Un modello costituisce una rappresentazione della realtà funzionale all'analisi, all'estrapolazione e alla progettazione. In genere, qualunque processo decisionale si serve dell'applicazione di modelli alle informazioni disponibili, per desumere o convalidare delle ipotesi relative ai sistemi che si stanno studiando e inferire le possibili conseguenze di un intervento sul sistema stesso. Per esempio, ci serviamo di modelli quando cerchiamo di prevedere la tossicità di una particolare ammina aromatica, o quando analizziamo lo spettro di massa di un composto sottoposto all'azione metabolica di un preparato microsomiale. A volte il modello è il risultato dell'analisi statistica di dati conosciuti a priori, e il suo impiego consiste nell'applicare a nuovi composti una funzione calibrata su un insieme opportunamente scelto di informazioni. In questo caso è vitale non solo disporre di strumenti statistici adatti ai dati di natura chimica, tipicamente complessi, multidimensionali e ridondanti, ma anche valutare con grande attenzione l'utilità, la rilevanza e l'ambito di applicazione degli elementi del modello (funzioni e parametri) che sono stati scelti nella fase di calibrazione. Non si insisterà mai a sufficienza sull'importanza culturale, ma anche pratica, della fase in cui si selezionano le informazioni necessarie per costruire il modello, valutandone l'impatto sulla attendibilità delle inferenze che ne risultano; questa fase è comunemente nota, nel mondo chemoinformatico, con l'espressione "disegno sperimentale".

In certi casi, invece, la proprietà che si desidera stimare può essere desunta dall'informazione strutturale di una certa entità chimica (può trattarsi di una singola molecola, ma spesso di un insieme di molecole, per esempio una proteina, un farmaco e del solvente) applicando leggi fisiche più o meno approssimate allo studio dei possibili stati del sistema. Si parla allora di simulazione, che è l'azione più comunemente applicata nel campo della cosiddetta modellistica molecolare. In realtà esiste un nesso indissolubile tra modelli e simulazione, nel senso che quest'ultima consiste sempre nell'applicazione di modelli, per cui, a dispetto delle evidenti differenze tecniche tra QSAR, stima di proprietà chimico-fisiche e modelli molecolari, il loro impiego prevede analoghe problematiche, che è utile e opportuno trovare trattate in un unico volume, con linguaggio facimente comprensibile e grande attenzione agli aspetti pratici.

Affinché l'impiego di un modello sia produttivo, è necessario che esso permetta di cogliere le caratteristiche essenziali del sistema reale cui si riferisce, in modo efficace ed efficiente. In caso contrario l'utente troverà il modello fuorviante, inutile, pleonastico, o eccessivamente oneroso in termini di risorse spese per costruirlo ed applicarlo. Egli potrebbe così cadere nella tentazione di generalizzare, confondendo l'uso errato di uno strumento con la scarsa utilità di investire in risorse informatiche. D'altra parte, per poter costruire, analizzare o applicare i modelli implementati nel software disponibile a problemi di natura chimica, è necessaria la conoscenza delle radici teoriche su cui essi sono basati. Con lo sviluppo delle interfacce grafiche, è oggi relativamente facile per chiunque usare un programma per l'analisi multivariata, la stima di proprietà o la modellistica molecolare. Può essere più difficile reperire facilmente una descrizione chiara, completa ed accessibile della logica e delle basi che sottendono al loro impiego, e che è necessario considerare per valutare il campo di applicazione dei programmi in uso. Data la numerosità e la eterogeneità degli strumenti chemoinformatici, nella letteratura didattica e scientifica è facile trovare trattati completi, ma difficili da leggere dall'inizio alla fine, o monografie ben strutturate, ma dedicate ad applicazioni specifiche. Non è altrettanto facile trovare opere di consultazione che forniscano una panoramica sulle possibili applicazioni della chemoinformatica, senza cadere nella tentazione di concentrarsi sulle tecniche più recenti trascurando le nozioni di base, necessarie per chi si approccia da neofita a questo campo, ma utili anche a chi si è abituato ad un uso piuttosto acritico degli strumenti disponibili.

Il presente testo è un riuscito tentativo di colmare questa lacuna, particolarmente apprezzabile dai lettori di lingua italiana. I primi tre capitoli introducono in maniera graduale il lettore all'analisi statistica di dati chimici, alla costruzione e all'impiego di modelli predittivi; il quarto capitolo, dedicato alla stima di proprietà chimico-fisiche, appare come complemento e conseguenza di quanto esposto nei precedenti. Il quinto capitolo, sulla modellistica molecolare, fornisce una panoramica sulle tecniche più comunemente utilizzate, senza entrare in dettagli che andrebbero cercati in un testo di chimica computazionale, ma focalizzandosi sulla meccanica molecolare e sul suo impiego nella progettazione di farmaci. Il lettore viene indirizzato a eventuali approfondimenti tramite un'aggiornata bibliografia. L'ultimo capitolo chiude il cerchio e, come spesso accade nelle opere ben congegnate, invoglia a rileggere gli altri con una rinnovata ottica, dedicando una particolare attenzione alla relazione tra l'informazione chimica, così come è raccolta nelle banche dati virtuali, e i modelli tramite i quali si cerca di analizzare, interpretare o prevedere il comportamento dei sistemi chimici.

Parma, novembre 2011
Marco Mor
Professore Ordinario di Chimica Farmaceutica
Università degli Studi di Parma

Prefazione

"Chemoinformatica. Soluzioni e strumenti per scienze e tecnologie biomediche" è stato pensato, coordinato e scritto da "addetti ai lavori" nel settore chemoinformatico, con la fondamentale supervisione dei curatori della collana Springer Biomed. Benché il prefisso "Chem" nel titolo possa far pensare altrimenti, questo volume non è rivolto innanzitutto a chimici, i quali hanno già a disposizione riviste, pubblicazioni, corsi e congressi relativi alle varie aree di applicazione della chemoinformatica, bensì a studenti, docenti e professionisti che desiderino arricchire le proprie conoscenze in questo settore.

Scopo dell'opera, nel suo insieme, e di ogni suo capitolo è offrire al lettore una chiave di accesso e una facilitazione per affrontare specifici argomenti o applicazioni. Al termine di ogni capitolo il lettore sarà in grado di decidere se e come approfondire ulteriormente un tema di interesse, grazie ai numerosi riferimenti bibliografici. Benché ogni capitolo possa essere considerato a sé stante e possa quindi essere letto indipendentemente dagli altri, la sequenza segue un percorso logico.

Ogni ambito settoriale e specializzato di un particolare sapere scientifico e tecnologico sviluppa necessariamente una sua terminologia; nel caso specifico, il "gergo" che ne deriva è contaminato da termini in lingua inglese e da numerosi acronimi e sigle: i vari autori hanno cercato di limitare al minimo i termini stranieri – e comunque di tradurli ove opportuno – e di spiegare al lettore gli acronimi più criptici; al tempo stesso ci è parso opportuno mantenere nella lingua originale, cioè l'inglese americano, quei termini che sono quasi intraducibili nella nostra lingua o che comunque sono entrati nell'uso comune anche nella comunità dei "chemoinformatici" italiani: pertanto, è bene che il lettore li apprenda così.

La chemoinformatica, in generale, ha sicuramente come oggetto di indagine preferenziale la chimica e, in particolare, utilizza modelli, proprietà e descrittori relativi a strutture molecolari, siano esse molecole organiche, peptidi, proteine o acidi nucleici o altri tipi di molecole. È altrettanto vero che storicamente i primi utilizzatori di queste "tecniche assistite da calcolatore" sono stati dei chimici. Ma come emerge già dalla lettura di questa prefazione, la chemoinformatica è un settore multidisciplinare e soprattutto interdisciplinare, in cui cioè non solo sono presenti, ma concorrono e si intrecciano varie scienze e conoscenze: matematica (algebra lineare, calcolo differenziale, topologia, etc.), chimica, chimica-fisica, fisica (meccanica classica e quantistica, termodinamica, etc.), statistica, informatica e altre scienze a seconda delle aree di applicazione: chimica farmaceutica, farmacologia, biologia molecolare, tossicologia, fisiologia molecolare, etc., e le relative figure professionali.

Una definizione vera e propria, chiara e distinta del termine "chemoinformatica" non è possibile, poiché tale termine si riferisce a un settore "aperto" che (come molti altri) è in continua, rapida evoluzione ed espansione: definire significa sì chiarire, ma anche porre un confine, dei limiti, e questo contraddirebbe quanto appena affermato. È però possibile proporre delle descrizioni e, seppur succintamente, alcuni elementi storici che possano aiutare il lettore a inquadrare meglio ciò che si intende con il suddetto termine e che cosa esso implichi da un punto di vista conoscitivo e operativo.

"Chemoinformatica" (talvolta scritto "Cheminformatica" e, più raramente, "Chemioinformatica") è un termine relativamente recente, composto dai nomi di due discipline, la chimica (che ha lo stesso etimo di alchimia, dall'arabo *al chema* cioè "il segreto") e l'informatica (contrazione di informazione automatica). Una delle prime occorrenze pubbliche del termine "chemoinformatica", forse la prima, risale a Brown, nel 1998 e recita: "L'uso della gestione e tecnologia della informazione (Information Technology and Management) è divenuto una componente essenziale del processo di scoperta di un farmaco (*drug discovery*). La chemoinformatica è l'insieme di quelle risorse atte a trasformare dati in informazioni e informazioni in conoscenza, con lo scopo di prendere decisioni migliori più velocemente nell' identificazione e ottimizzazione di nuovi potenziali farmaci" (Brown, 1998).

Quindi, il termine "chemoinformatica", che potremmo anche designare "informatica chimica", è recente, come abbiamo visto, ma la storia della collaborazione sinergica fra informatica e chimica vanta una lunga storia e tradizione, addirittura anteriore alla nascita e all'utilizzo del termine informatica!

Gli studi di QSAR (relazione quantitativa fra struttura chimica e attività biologica) iniziano nel XIX secolo; i primi calcoli di meccanica quantistica risalgono agli anni '20 del secolo scorso; negli anni '30 viene sviluppato il concetto di relazioni lineari di energia libera; i primi calcoli di meccanica molecolare vengono compiuti negli anni '40.

Negli stessi anni, durante la Seconda Guerra Mondiale, nasce Eniac, capostipite della prima generazione di calcolatori elettronici: 30 tonnellate, 17mila valvole: non si andava al calcolatore, ma si "entrava" nel calcolatore! Si sperimentano le prime applicazioni dei transistor che vanno a sostituire le vecchie valvole. Con la terza generazione di calcolatori, a partire dagli anni '60 e dagli USA, e in particolare grazie all'avvento dei terminali in sostituzione delle schede perforate, molti più utenti, fra cui studenti, ricercatori e docenti di diverse discipline (fra queste chimica teorica e meccanica quantistica) possono accedere direttamente alle risorse di calcolo, senza dover perforare schede e consegnarle all'operatore, gestendo così direttamente i vari programmi software e l'immissione di dati (input) e potendo comodamente controllare il risultato dei calcoli (output).

La Legge empirica di Moore osserva che da oltre cinquanta anni – e prevede che per almeno altri dieci – il numero di transistor che possono essere collocati su un circuito integrato raddoppia circa ogni due anni. La velocità di una CPU (central processing unit), le prestazioni della grafica computerizzata e molte altre capacità di strumenti elettronici sono fortemente correlati alla Legge di Moore. Questa crescita esponenziale ha aumentato in modo eclatante l'impatto e la diffusione dell'elettronica in ogni settore dell'economia, ricerca e sviluppo mondiale e, va da sé, in modo particolare in quelle applicazioni che sono nate e dipendono dalle prestazioni dell'hardware.

Nel 1962 all'Università dell'Indiana a Bloomington nasce il Quantum Chemistry Program Exchange e, negli stessi anni, si moltiplicano le pubblicazioni e gli incontri scientifici che nel titolo contengono "Computer programs for chemistry" o "Computer applications in chemistry" o ancora "Computational chemistry". Negli anni '70 nasce la chemiometria: il termine è stato coniato da Swante Wold ed è stato da lui definito come "l'arte di estrarre informazioni chimiche pertinenti da dati prodotti da esperimenti chimici, in analogia con biometria, econometria, etc. utilizzando modelli matematici e statistici" (S. Wold 1995); vengono inoltre scritti i principali algoritmi, tuttora usati in molti programmi per l'analisi multivariata dei dati, che appartengono alla chemoinformatica. Agli stessi anni risalgono la maggior parte degli indici topologici e descrittori molecolari ancora oggi usati.

A cavallo fra anni '70 e '80 vengono sviluppati i primi sistemi di software (insiemi di programmi, procedure, algoritmi e grafica molecolare) presso alcune università negli USA. Nascono, spesso ad opera degli stessi professori universitari talvolta con finanziatori esterni, le prime società per commercializzare prodotti software "per la chimica". I sistemi di grafica molecolare si sviluppano velocemente ed evolvono in un nuovo strumento: la stazione grafica (graphics workstation) intesa come integrazione a livello hardware di mini- o micro-computer e sistemi grafici. Una delle prime società nel settore, oggi definito "Chemoinformatica", già agli inizi degli anni '80 distribuiva un sistema di *computer-aided molecular modeling / design* (CAMM/CAMD) e dei database per strutture e reazioni chimiche. Uno dopo l'altro, tutti i principali laboratori di ricerca farmaceutica, a partire dagli USA, poi in Gran Bretagna e nel resto dell'Europa e quindi anche in Italia, creano un gruppo di *computer-aided drug design & discovery* (CADD).

Perché quella che oggi chiamiamo "chemoinformatica" si è sviluppata inizialmente e preferenzialmente nel settore farmaceutico? Basti pensare che una multinazionale del farmaco per arrivare a registrare un nuovo farmaco e avere una molecola di backup, porta in media 5 composti nei test clinici (clinical trials) ma per identificare quelle 5 molecole ne ha valutate fra 50mila e 100mila. I fattori "tempo" e "costi" sono determinanti: di conseguenza, ogni metodo o procedura che permetta di ridurre i tempi e/o di abbattere i costi per arrivare prima in fase clinica viene impiegato.

La gamma di algoritmi, metodi e strumenti di calcolo continua ad espandersi fino a raggiungere la "maturità" verso la fine del XX secolo e gli inizi del nuovo. Non sarebbe allora un caso che proprio in quegli anni venga coniato e utilizzato il termine "chemoinformatica": ma questa rimane una ipotesi. A differenza di un gruppo di *computer-aided drug design* degli anni '80 che poteva contare su risorse hardware e software limitate rispetto ad oggi, un gruppo degli anni '90 o un gruppo di "chemoinformatica" di oggi ha generalmente a disposizione una vasta gamma di soluzioni software: programmi per la progettazione di esperimenti (*design of experiments*); programmi per generare indici e descrittori molecolari topologici e 3D; analisi statistiche multivariate (MVA – multivariate data analysis) ed eventuali altre soluzioni per studiare relazioni quantitative struttura-attività (QSxR, Quantitative Structure – Activity / Property – Relationship); vari programmi e procedure basate su calcoli di meccanica quantistica ma soprattutto meccanica molecolare per studi di analisi conformazionale, dinamica molecolare, ricerca di farmacoforo (*ligand-based design*), per simulare l'interazione farmaco-ricettore (*structure-based design / docking studies*); procedure per lo screening virtuale anche di milioni di molecole (virtual screening); software per la predizione di proprietà chimico-fisiche (quali acidità, lipofilia e solubilità) e proprietà ADMET (assorbimento, distribuzione, metabolismo, escrezione, tossicità); soluzioni per la predizione e simulazione di spettri (UV-Vis, IR, NMR, MS, etc.); strumenti informatici per l'archiviazione, gestione e ricerca di dati alfanumerici, chimico-strutturali (per struttura, sottostruttura, similarità, etc.), chimico-analitici, spettrali (per spettro, regione spettrale, picco, etc.); soluzioni specifiche per il data mining, nonché una gamma inesauribile di strumenti per la generazione, gestione e ricerca (electronic database management) di documenti, relazioni, quaderni di laboratorio, etc.

Calcoli, simulazioni e ricerche in database compiute su calcolatori relativamente costosi e che richiedevano tempi proibitivi una decina di anni fa, oggi possono essere condotti in tempi ragionevoli su un portatile. Di conseguenza, calcoli, simulazioni e ricerche via via più complessi possono essere condotti utilizzando *graphics workstation* multiprocessore, *cluster* (letteralmente "grappolo") di computer connessi tra loro (*cluster computing*), oppure usando infrastrutture di calcolo distribuito (*grid computing*) o un insieme di tecnologie che permettono l'utilizzo di risorse distribuite in rete (*cloud computing*).

Hardware sempre più veloci, l'accumulo di esperienze e lo sviluppo continuo di nuovi algoritmi gradualmente hanno migliorato e continuano a migliorare il livello di precisione di molte proprietà calcolate rispetto ai valori sperimentali, al punto che alcune proprietà chimico-fisiche non vengono più misurate sperimentalmente, ma predette (in silico) a livello di calcolo a una frazione del costo sperimentale (e talvolta gratuitamente on-line) e in pochi secondi per molecola.

Interfacce grafiche (GUI – Graphical User Interface) sempre più accattivanti e relativamente semplici rendono accessibili strumenti di calcolo sofisticati e complessi a un numero crescente di utenti, sia esperti che occasionali. Un pericolo è in agguato: per pigrizia, per cultura o per necessità le soluzioni software possono diventare una "scatola nera" (black box): si fa "click" su alcuni bottoni, si inseriscono alcuni dati e si ottiene sempre un risultato, senza conoscere né apprezzare cosa sia successo "dentro". Lascio al lettore ogni ulteriore riflessione, semplicemente ricordando come monito la sigla GIGO: *garbage in, garbage out!*

Ma questa "chemoinformatica" dà certezze di successo? In primo luogo, il successo dovuto all'utilizzo di tecniche computer-assisted in campo farmaceutico (quello storico e più "collaudato") deve essere valutato sul numero di hit (composti con attività o affinità al di sopra di un valore di soglia fissato) e sul numero di lead (potenziali farmaci) identificati e non sul numero di farmaci effettivamente registrati. In secondo luogo, è bene tenere presente che un gruppo di chemoinformatica è costituito da: hardware, software e "cervelli umani". Questi ultimi sono da tutti i punti di vista la componente più importante, e comunque condizione necessaria, ma non sufficiente per il successo. Altre condizioni necessarie perché la chemoinformatica sia uno strumento efficace sono dati dalla cultura e dall'organizzazione della ricerca in cui strumenti e gruppo chemoinformatici sono inseriti, e dalla scelta strategica degli obiettivi (target) e dal grado di conoscenza dei target in termini di struttura molecolare e meccanismo biochimico. Di fatto, va osservato che il numero di nuovi farmaci sviluppati a livello mondiale per anno è in graduale diminuzione: questa situazione meriterebbe una riflessione particolare, ma queste e altre considerazioni collegate esulano dagli scopi di questo volume. Fatte queste precisazioni, ci sono comunque dei successi (nell'accezione sopra menzionata) raccontati ai congressi e talvolta riportati in letteratura; non sempre però sono a disposizione tutte le informazioni e gli elementi per discernere in modo certo i successi reali, dovuti al contributo specifico della chemoinformatica, dalle "operazioni di immagine". Quando certi prerequisiti sono soddisfatti (qualità degli strumenti di calcolo e capacità degli operatori) e le condizioni di contorno lo permettono (efficaci ed efficienti organizzazioni di ricerca) l'utilizzo sapiente di queste tecniche permette di generare ed eliminare ipotesi in tempi rapidi e di aumentare in modo significativo la probabilità di "successo".

Qual è il significato del termine "chemoinformatica" oggi? Seguendo l'indicazione di Ludwig Wittgenstein, filosofo del linguaggio del secolo scorso, per il quale "il significato di una parola è il suo uso nel linguaggio", scopriamo che ai nostri giorni il termine "chemoinformatica" è utilizzato in un numero crescente di situazioni e da un numero crescente di figure professionali. Infatti, le aree di applicazione della chemoinformatica si sono gradualmente e successivamente estese non solo a tutti gli aspetti del processo di ricerca e sviluppo di nuovi farmaci, ma interessano anche molti altri settori, dall'agro-alimentare alla cosmetica, dalla biologia molecolare alla scienza dei materiali, dalla tossicologia ambientale alle scienze biomediche; in queste ultime le sinergie fra bioinformatica e chemoinformatica, in particolare fra genomica e proteomica, sono notevoli e in continuo sviluppo. Pertanto, non è casuale che del termine chemoinformatica siano state fornite descrizioni più ampie e generali, ad esempio (Gasteiger, 2003): "La chemoinformatica è l'uso di metodi informatici per risolvere problemi chimici". Descrizione decisamente generale, ma che ha il merito di essere semplice, di rispondere al vero e di indicare il potenziale utilizzo degli strumenti, dei metodi e delle procedure chemoinformatiche in quei settori e sicuramente nelle scienze e tecnologie biomediche, i quali richiedano conoscenze anche di natura chimica e utilizzino come oggetti di ricerca e analisi strutture molecolari, dati e informazioni ad esse collegati e da esse derivati.

Massimo Mabilia
Elena Fioravanzo

Ringraziamenti

Il primo ringraziamento, sia doveroso che spontaneo, va ai due curatori della Collana Springer BioMed, la Dott.ssa Maria Rita Micheli e il Dott. Rodolfo Bova dell'Università degli Studi di Perugia, per aver intuito e caldeggiato l'opportunità di un volume dedicato alla Chemoinformatica.

Un ringraziamento va a ciascuno degli autori che hanno contribuito alla stesura dei vari capitoli, per aver messo a disposizione del lettore la propria esperienza professionale, cercando di coniugare al meglio il rigore scientifico con la relativa semplicità richiesta da un'opera divulgativa. Un ulteriore ringraziamento è rivolto ai collaboratori del Prof. Moro dell'Università di Padova, Dott. Marco Fanton, Dott. Matteo Floris, Dott. Giorgio Cozza e Dott. Andrea Cristiani per l'attento ed efficace lavoro di revisione del capitolo 5, ai colleghi (in particolare al Dott. Remo Calabrese) che a vario titolo hanno letto, commentato e offerto suggerimenti relativi a uno o più capitoli.

Senza il coordinamento della Dott.ssa Lorenza Broccardo questo volume non sarebbe arrivato alle stampe! A nome degli autori porgo un sentito ringraziamento.

Massimo Mabilia

Elenco degli Autori

Magdalena Bacilieri
Dipartimento di Scienze Farmaceutiche
Sezione di Modellistica Molecolare
Università degli Studi di Padova

Arianna Bassan
S-IN Soluzioni Informatiche
Vicenza

Lorenza Broccardo
S-IN Soluzioni Informatiche
Vicenza

Elena Fioravanzo
S-IN Soluzioni Informatiche
Vicenza

Stefano Moro
Dipartimento di Scienze Farmaceutiche
Sezione di Modellistica Molecolare
Università degli Studi di Padova

Luca Sartori
IEO – Istituto Europeo di Oncologia
Dipartimento di Oncologia Sperimentale
Unità di Drug Discovery
Milano

Matteo Stocchero
S-IN Soluzioni Informatiche
Vicenza

Indice

Capitolo 1

Il disegno sperimentale

Lorenza Broccardo

Introduzione alla metodologia

Il metodo scientifico di incremento della conoscenza di un sistema per il quale non è noto il modello teorico che definisce la relazione tre le sue variabili, prevede le seguenti fasi:

- formulazione delle ipotesi, in base alle informazioni disponibili;
- deduzioni sul comportamento del sistema;
- acquisizione di nuove informazioni mediante l'esecuzione di prove sperimentali;
- analisi dei dati e loro interpretazione;
- verifica delle ipotesi.

Nello studio di sistemi naturali, quali ad esempio i sistemi biologici, l'acquisizione di nuove informazioni e l'analisi dei dati possono costituire due fasi critiche dello sviluppo del processo cognitivo. Ciò è dovuto al fatto che tali sistemi dipendono, generalmente, da più di due variabili: i sistemi naturali sono, cioè, multivariati. La definizione delle relazioni tra numerose variabili implica la necessità di eseguire un numero elevato di prove sperimentali con conseguenti oneri in termini di materie prime, strumentazione e personale impiegato. Inoltre, maggiore è il numero di variabili in esame, maggiore è la probabilità che si verifichino fenomeni di interazione dovuti al ruolo combinato di due o più variabili, non rilevabili osservando l'effetto di una variabile alla volta. La stima delle interazioni è fondamentale per il controllo di un sistema e tuttavia è possibile solo mediante un'appropriata organizzazione delle prove sperimentali. La complessità di un sistema si riflette necessariamente nella complessità dei dati che lo descrivono: per un'adeguata analisi in grado di estrarre l'informazione utile, è necessario disporre di metodi in grado di analizzare tali dati nel loro insieme, di separare l'informazione dal rumore, di gestire la correlazione e di presentare i risultati mediante grafici riassuntivi di facile interpretazione. Gli aspetti critici dovuti alla multidimensionalità di un problema sono superati grazie all'impiego di metodi chemiometrici quali il disegno sperimentale e l'analisi statistica multivariata (la chemiometria può essere definita come una disciplina volta a estrarre informazioni pertinenti da dati, mediante l'uso di modelli matematici e statistici).

Il disegno sperimentale (termine derivante dalle espressioni inglesi *design of experiments*, spesso abbreviato con DOE, oppure *experimental design*) è un metodo statistico correlato alla fase di acquisizione dei dati. Fornisce una strategia per pianificare una sperimentazione in modo efficiente, per organizzare cioè un insieme di esperimenti così da ottenere dati con un elevato contenuto di informazioni mediante il minor numero di prove sperimentali possibile. L'analisi dei risultati è effettuata con metodi di regressione lineare semplice, multipla o mediante regressione PLS.

L'analisi multivariata è una metodologia statistica adatta alla trattazione di sistemi complessi di dati caratterizzati da un elevato numero dei campioni e delle variabili che li descrivono, dal contenuto di informazione utile, ma anche di rumore e di informazione ridondante, da disomogeneità (cioè da raggruppamenti di dati relativi a condizioni tra loro simili), dell'esistenza di correlazione o dalla mancanza di alcuni valori. La metodologia è applicabile a un insieme di dati a prescindere dalla tipologia di pianificazione utilizzata per la loro generazione, sebbene i risultati migliori si ottengano quando tale pianificazione è di tipo DOE.

L'analisi multivariata e il disegno sperimentale, in quanto metodi statistici, sono applicabili alla risoluzione di problematiche inerenti qualsiasi settore; il settore chimico, quello farmaceutico e quello biologico hanno trovato particolare beneficio dal loro impiego data la complessità intrinseca dei sistemi che li caratterizzano.

Entrambi i metodi si avvalgono del supporto di strumenti informatici che rendono immediata l'applicazione di algoritmi matematici e la stima di parametri e permettono un'efficace rappresentazione dei risultati mediante grafici di semplice interpretazione.

Questo capitolo ha lo scopo di presentare i principi del disegno sperimentale e di dimostrarne l'efficacia e l'utilità mediante la descrizione di alcune applicazioni; l'analisi multivariata sarà invece oggetto di trattazione del Capitolo 2.

Definizione di alcuni termini di uso frequente

Ogni disciplina è caratterizzata da un proprio linguaggio che rende possibile l'accesso ai significati specialistici attribuiti a particolari termini.

Nel presentare la metodologia "disegno sperimentale", è dunque utile definire il significato di alcuni termini rilevanti quali "fattore", "risposta", "dominio sperimentale", al fine di costruire un linguaggio comune.

Termini di uso frequente

Le variabili che definiscono lo stato di un sistema sono definite variabili indipendenti o fattori e sono indicate con la lettera "x" mentre le variabili che misurano le proprietà di interesse sono definite variabili dipendenti o risposte e indicate con la lettera "y".

Si supponga, ad esempio, di dover valutare l'effetto di dosaggi diversi di un farmaco, su individui di età differente: in questo caso i fattori in esame sono due, il dosaggio (espresso, ad esempio, in mg/giorno) e l'età degli individui (espressa in anni), mentre la risposta è una sola, l'effetto del farmaco.

Un sistema è controllato se è nota l'equazione matematica (il modello) che definisce la relazione tra x e y. In questo caso, infatti, l'equazione $y = f(x)$ permette di definire il valore al quale impostare la variabile x al fine di spostare l'equilibrio del sistema nelle condizioni desiderate, corrispondenti cioè al valore di interesse della variabile y.

Nel caso di un sistema dipendente da due o più variabili, l'equazione assume la forma generale $y = f(x_1, x_2, ...x_n)$ dove n corrisponde al numero di fattori in esame.

Con riferimento all'esempio precedente, il modello per il dosaggio del farmaco descrive la quantità di farmaco da somministrare giornalmente, secondo l'età dell'individuo, al fine di ottenere l'effetto desiderato. È possibile definire anche modelli che mettono in relazione più risposte e più fattori.

Se l'equazione che descrive il sistema non è nota, è possibile determinarla empiricamente mediante l'acquisizione di dati sperimentali. Al fine di stabilire quanti e quali esperimenti compiere, è necessario definire:
- il numero di fattori che si suppone influenzino la risposta;
- il valore minimo (livello inferiore) e il valore massimo (livello superiore) che ciascun fattore può assumere in questa fase sperimentale (tali valori definiscono l'intervallo di variabilità di ciascun fattore);
- i metodi e gli strumenti per la misura della risposta.

È inoltre necessario formulare un'ipotesi sul grado di complessità della relazione tra x e y (la definizione di una relazione lineare richiede infatti un numero di esperimenti inferiore rispetto alla definizione di un'equazione del secondo ordine).

Il numero di fattori in esame con i rispettivi intervalli di variabilità definiscono il dominio sperimentale, la porzione di spazio n dimensionale (con n = numero di fattori) nelle variabili x_i all'interno del quale il sistema viene studiato. Poiché il metodo utilizzato per definire la relazione $y = f(x)$ è empirico, e poiché le informazioni acquisite mediante i test effettuati sono relative al dominio sperimentale, l'equazione $y = f(x)$ è, in generale, verificata solo all'interno di tale dominio (il modello che si ottiene ha, cioè, validità locale).

È tuttavia possibile utilizzare tale equazione per effettuare delle ipotesi anche nelle porzioni di spazio circostanti il dominio.

Facendo nuovamente riferimento all'esempio sopra citato, i livelli di ciascun fattore corrispondono al valore minimo e massimo del dosaggio giornaliero testato (ad esempio 20 mg e 50 mg di principio attivo) e all'età minima e

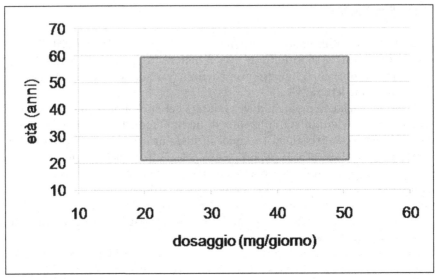

Fig.1.1. Dominio sperimentale definito dai due fattori "dosaggio" ed "età" e dai corrisponden-ti intervalli di variabilità

massima degli individui sottoposti a terapia (per esempio 20 anni e 60 anni); gli intervalli di variabilità per i due fattori sono, rispettivamente, [20 mg/giorno; 50 mg/giorno] e [20 anni; 60 anni] e il dominio sperimentale è lo spazio bidimensionale rappresentato in Figura 1.1.

Si definisce piano o disegno sperimentale il numero dei test programmati e la loro disposizione del dominio sperimentale.

Metodo classico di sperimentazione e metodo multivariato

La comparazione tra l'approccio classico alla sperimentazione e l'approccio DOE, oggetto di questo paragrafo, fornisce una descrizione delle principali differenze tra i due metodi e una chiara evidenza dei notevoli vantaggi ottenibili con l'utilizzo di una strategia multivariata.

L'approccio classico

Si consideri di voler investigare come la composizione di un anti dolorifico nei due principi attivi A e B influenzi il tempo di rilascio del farmaco. La quantità di A è fatta variare da un minimo di 10 mg a un massimo di 25 mg, mentre B è fatto variare da 40 mg a 100 mg. La proprietà di interesse è il tempo (misurato in minuti) necessario affinché il farmaco sviluppi un completo effetto anestetico ed è fornito come valore medio di misure effettuate su un campione di 12 individui. La composizione di interesse deve assicurare un completo effetto anestetico dopo

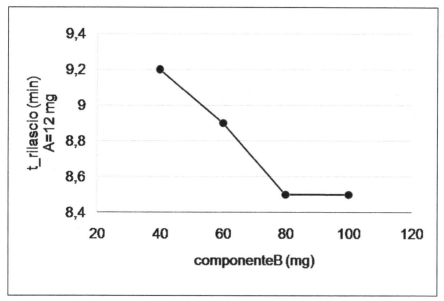

Fig. 1.2. Variazione del tempo di rilascio misurata nelle condizioni sperimentali: A = 12 mg, B = 40, 60, 80 e 100 mg

4 minuti dalla somministrazione. Si desidera inoltre stabilire quali siano il tempo di rilascio minino ottenibile e l'impatto economico delle diverse formulazioni, poiché il costo del componente A è di cinquanta volte superiore a quello del componente B. L'approccio classico prevede di esplorare l'effetto di una variabile alla volta sul sistema: ad esempio, è possibile valutare per primo l'effetto sul tempo di rilascio della variazione di composizione nel principio attivo B, mantenendo costante la quantità di A a un valore stabilito dallo sperimentatore.

Nel grafico in Figura 1.2 è rappresentato l'andamento della risposta misurata per quattro composizioni contenenti 12 mg di A e, rispettivamente, 40, 60, 80 100 mg di B.

I risultati ottenuti indicano che il tempo di rilascio diminuisce all'aumentare della quantità di principio attivo B nel farmaco e che, tuttavia, nessuna delle composizioni testate risulta soddisfacente. È necessario dunque effettuare ulteriori esperimenti testando composizioni nelle quali B è mantenuto costante a uno dei valori cui corrisponde il tempo di rilascio minimo (t_rilascio = 8,5 min) e modificando la quantità di A. Poiché è necessario considerare anche l'impatto economico delle formulazioni, è stato scelto di fissare il dosaggio di B a 80 mg. Il grafico in Figura 1.3 rappresenta i risultati ottenuti per quattro composizioni contenenti 80 mg di principio attivo B e, rispettivamente, 12, 16, 20 e 25 mg di A.

Questa serie di esperimenti permette di trarre le seguenti conclusioni:
- il tempo di rilascio minimo ottenuto è di 4,5 min. e corrisponde a una composizione contenete 25 mg di A e 80 mg di B;

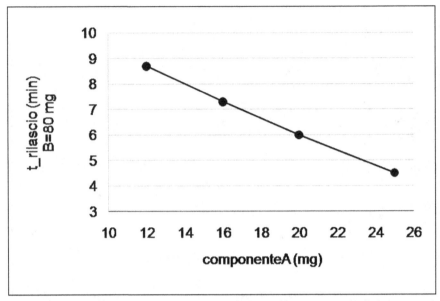

Fig.1.3. Variazione del tempo di rilascio misurata nelle condizioni sperimentali: B = 80 mg, A = 12, 16, 20 e 25 mg

- tale valore minimo è prossimo all'obiettivo della sperimentazione, ma non lo soddisfa appieno;
- per ottenere il tempo di rilascio minimo è necessario utilizzare la massima quantità di A;
- è probabilmente possibile ottenere un farmaco a tempo di rilascio inferiore a 4,5 min. aumentando il dosaggio di A, oppure testando la risposta a un livello diverso per il componente B.

Per ottenere questo risultato è stato necessario preparare sette composizioni diverse del farmaco e testare ciascuna di esse su 12 individui.

Limitazioni dell'approccio classico

Si supponga ora di conoscere il comportamento del sistema nel dominio sperimentale esaminato e di rappresentarlo mediante un diagramma a curve di isolivello come in Figura 1.4; gli indicatori bianchi individuano le condizioni sperimentali testate.

L'osservazione del grafico evidenzia le principali limitazioni del metodo classico:

- il dominio sperimentale è esplorato in modo disomogeneo: le informazioni sono raccolte secondo due direzioni preferenziali mentre le restanti porzioni di spazio rimangono inesplorate;
- il risultato finale dipende dalle condizioni scelte inizialmente dallo sperimentatore: la serie di esprimenti nella quale il fattore B è mantenuto costan-

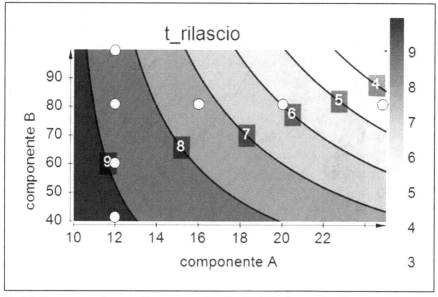

Fig. 1.4. Rappresentazione mediante curve di isolivello della risposta "t_rilascio" nel dominio sperimentale A = [10 mg; 25 mg], B = [40 mg; 100 mg]; gli indicatori bianchi identificano le condizioni sperimentali testate secondo la metodologia classica

te a 100 mg e il fattore A è fatto variare da 12 mg a 25 mg avrebbe permesso di individuare le condizioni sperimentali cui corrisponde un tempo di rilascio inferiore a 4 min.;

- l'effetto di un fattore è testato a un solo livello dell'altro fattore; quindi, non è possibile rilevare eventuali effetti di interazione;
- le informazioni ottenute sono relative esclusivamente alle condizioni sperimentali testate e non è possibile effettuare predizioni riguardo l'andamento della risposta nello spazio circostante;
- definite le migliori condizioni sperimentali mediante una prima serie di esperimenti, non è possibile affermare che queste corrispondano all'ottimale assoluto se non effettuando ulteriori test;
- i sistemi controllati da un numero elevato di fattori necessitano dell'esecuzione di un numero notevole di esperimenti; l'analisi dei dati è ulteriormente complicata quando è necessario studiare l'andamento di due o più risposte.

L'approccio DOE

Il metodo DOE affronta il problema organizzando una serie di esperimenti in ognuno dei quali è fatto variare il maggior numero di fattori possibile e in modo da esplorare omogeneamente il dominio sperimentale; una delle dispo-

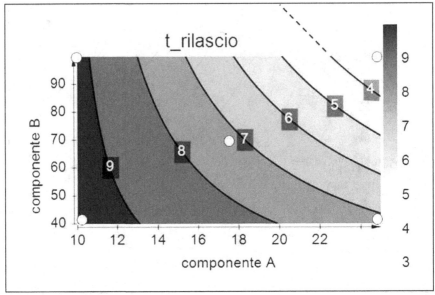

Fig. 1.5. Rappresentazione mediante curve di isolivello della risposta "t_rilascio" nel dominio sperimentale; gli indicatori bianchi identificano le condizioni sperimentali testate secondo la metodologia DOE. La linea tratteggia rappresenta un'estrapolazione dell'andamento della curva rappresentante il livello t_rilascio = 4 all'esterno del dominio

sizioni (o disegno) possibili corrisponde nell'effettuare test in condizioni sperimentali corrispondenti ai vertici e al centro del dominio, come illustrato in Figura 1.5.

I dati ottenuti sono utilizzati per determinare il modello di relazione tra la risposta y (t_rilascio) e i due fattori x_1 (quantità di principio attivo A) e x_2 (quantità di principio attivo B), cioè per determinare i coefficienti dell'equazione di forma generica y = f(x_1, x_2); la rappresentazione grafica di tale equazione corrisponde al diagramma a curve di isolivello in Figura 1.5.

Da questa fase sperimentale è possibile trarre le seguenti conclusioni:
- le condizioni sperimentali identificate dalla curva di isolivello t_rilascio = 4 min. corrispondono a composizioni del farmaco il cui tempo di rilascio è pari a 4 min. e quindi soddisfano le richieste del problema;
- le condizioni sperimentali rappresentate dalla porzione di dominio al di sopra della curva t_rilascio = 4 min. corrispondono a composizioni il cui tempo di rilascio è inferiore a 4 min.;
- è possibile preparare formulazioni con tempo di rilascio pari a 4 min. con dosaggio di A inferiore a 25 mg;
- il tempo di rilascio minimo ottenuto è pari a 2,9 minuti e corrisponde alla composizione A = 25 mg e B=100 mg;
- probabilmente è possibile ottenere un farmaco con tempo di rilascio pari o inferiore a 4 min. anche con un dosaggio di A inferiore a 22 mg e aumen-

tando il dosaggio di B oltre 100 mg (area esterna al dominio investigato, al di sopra della linea tratteggiata).

Per ottenere queste informazioni sono state preparate e testate cinque composizioni diverse del farmaco.

Vantaggi dell'approccio DOE

Il risultato finale di una sperimentazione condotta con metodo DOE è una mappa che descrive l'andamento del sistema nel dominio sperimentale esplorato. La sua interpretazione può portare (come nell'esempio appena descritto) a conclusioni diverse da quelle ottenute con un approccio classico, poiché quest'ultimo è in grado di fornire soltanto una descrizione parziale del sistema.

Dal confronto dei due metodi è facile dedurre i principali vantaggi derivanti dall'uso dell'approccio DOE:
- il dominio sperimentale è esplorato in modo omogeneo (non ci sono direzioni preferenziali lungo le quali è organizzata l'informazione);
- definita la disposizione delle prove sperimentali, il risultato finale è indipendente dall'ordine della loro esecuzione;
- è possibile rilevare e quantificare l'eventuale interazione tra i fattori poiché l'effetto di ciascun fattore è testato a tutti i livelli di ogni altro fattore;
- i dati misurati sono utilizzati per determinare un modello per il sistema che ha validità in tutto il dominio sperimentale, perciò è possibile ottenere informazioni anche sulle condizioni sperimentali non testate;
- definite le migliori condizioni sperimentali è possibile affermare se queste corrispondono all'ottimo assoluto oppure se condizioni migliori devono essere ricercate in regioni limitrofe al dominio investigato mediante l'osservazione delle curve di isolivello;
- esistono disegni che consentono lo studio di sistemi controllati da numerosi fattori mediante un numero limitato di prove sperimentali; inoltre, è possibile studiare l'andamento di due o più risposte mediante l'uso di metodi di regressione adatti a questo scopo, quali la regressione lineare multipla (MLR) o la regressione PLS (quest'ultimo metodo sarà descritto nel Capitolo 2).

Il disegno sperimentale è quindi una metodologia per l'organizzazione di una serie di esperimenti e l'analisi di dati più efficiente rispetto al metodo classico poiché permette di ottenere maggiori informazioni mediante un numero inferiore di test. Queste caratteristiche lo rendono il miglior metodo per lo studio di sistemi multidimensionali.

Il flusso di lavoro

Prima di approfondire la presentazione del disegno sperimentale è utile fornire una panoramica del flusso di lavoro proposto da questo metodo per giungere alla risoluzione del problema a partire dalla formulazione delle ipotesi.

Formulazione del problema

La prima fase di una pianificazione sperimentale prevede di definire l'obiettivo della sperimentazione, le risposte di interesse, il numero e il tipo di fattori in esame e, per ciascuno di essi, l'intervallo di variabilità. Facendo riferimento allo studio della dipendenza del tempo di rilascio di un antidolorifico dalla composizione di due principi attivi A e B, la formulazione del problema consiste nelle seguenti definizioni:

- scopo: ottenere un farmaco con tempo di rilascio pari a 4 minuti tenendo in considerazione l'impatto economico delle diverse composizioni; verificare, inoltre, se è possibile preparare una formulazione il cui tempo di rilascio sia inferiore a 4 minuti;
- risposte: tempo di rilascio, misurato in minuti, e fornito come media su un campione di 12 individui;
- fattori: dosaggio dei principi attivi A e B;
- x_1 = principio attivo A, misurato in mg; intervallo di variabilità: [10 mg; 25 mg]; il costo di A è di 50 volte superiore al costo di B;
- x_2 = principio attivo B, misurato in mg; intervallo di variabilità: [50 mg; 100 mg].

Scelta del disegno

La seconda fase di una pianificazione DOE è la scelta del disegno più opportuno per il problema in esame, cioè della disposizione delle prove sperimentali in grado di fornire le informazioni desiderate mediante il minor numero di test possibile. Al disegno scelto è associato il modello matematico che sarà utilizzato per descrivere il sistema.

In questo caso, il piano scelto è un fattoriale completo la cui geometria è un quadrato e prevede di eseguire quattro prove ai vertici del dominio sperimentale come illustrato in Figura 1.5. È inoltre opportuno eseguire delle misure ripetute (generalmente al centro del disegno) al fine di stimare l'errore sperimentale.

Esecuzione degli esperimenti

Scelto il piano sperimentale è di conseguenza definito il foglio di lavoro, cioè l'elenco delle condizioni sperimentali da effettuare e la colonna (vuota) relativa alla risposta; il foglio di lavoro corrispondente alla sperimentazione in oggetto è rappresentato in Figura 1.6. A questo punto è necessario eseguire gli esperimenti, misurare, per ognuno di essi, il corrispondente valore del tempo di rilascio e inserirlo nella Tabella.

Analisi dei dati e definizione del modello

Questa fase prevede l'analisi di dati sperimentali e, successivamente, la stima del modello di regressione. Gli applicativi software di supporto alla metodolo-

	1	2	3	4	5	6	7
1	Exp No	Exp Name	Run Order	Incl/Excl	A	B	t_rilascio
2	1	N1	7	Incl ▼	10	40	9,4
3	2	N2	6	Incl ▼	25	40	7,2
4	3	N3	5	Incl ▼	10	100	9,2
5	4	N4	4	Incl ▼	25	100	2,9
6	5	N5	2	Incl ▼	17,5	70	7,1
7	6	N6	1	Incl ▼	17,5	70	7,3
8	7	N7	3	Incl ▼	17,5	70	7,5

Fig. 1.6. Esempio di foglio di lavoro

gia DOE mettono a disposizione numerosi strumenti e grafici utili all'analisi dei dati, alla stima del modello, al calcolo degli indici che ne definiscono la capacità di interpolazione e di predizione nonché diagrammi funzionali alla sua interpretazione, alcuni dei quali sono illustrati nelle Figure 1.7a e 1.7b (i diagrammi presentati in questo capitolo sono stati generati con il software MODDE sviluppato da MKS Umetrics AB).

Applicazione del modello in predizione

Nell'ultima fase di una sperimentazione di tipo DOE, il modello ottenuto è rappresentato graficamente mediante una superficie di risposta bidimensionale (Figura 1.8a) o tridimensionale (Figura 1.8b) che descrive l'andamento del sistema. Tale superficie è costituita dall'insieme dei valori predetti dal modello per le condizioni sperimentali interne al dominio e, quindi, facilita la ricerca della soluzione di interesse.

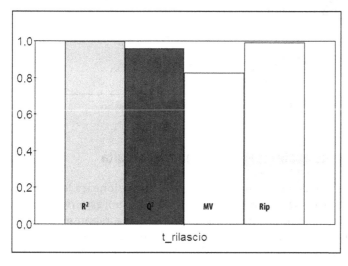

Fig. 1.7a. Grafico dei parametri fondamentali per la stima della bontà del modello; a partire da sinistra: R^2, Q^2, MV (Model Validity); *Rip* (Riproducibilità)

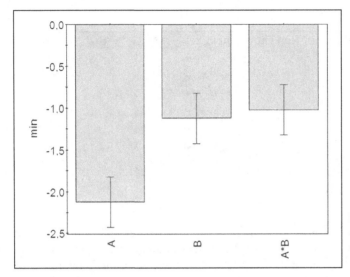

Fig. 1.7b. Diagramma dei coefficienti dell'equazione di regressione

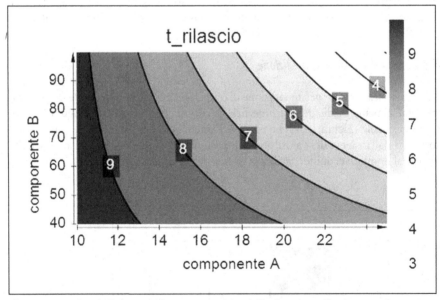

Fig. 1.8a. Superficie bidimensionale rappresentativa della risposta t_rilascio

Il modello matematico quale rappresentazione della realtà

Un modello è un'equazione matematica che descrive la relazione tra le variabili indipendenti (i fattori) e le variabili dipendenti (le risposte); esso riassume il livello di conoscenza rispetto al sistema e costituisce una rappresentazione approssimata della realtà. Nella maggior parte dei casi lo sperimentatore è inte-

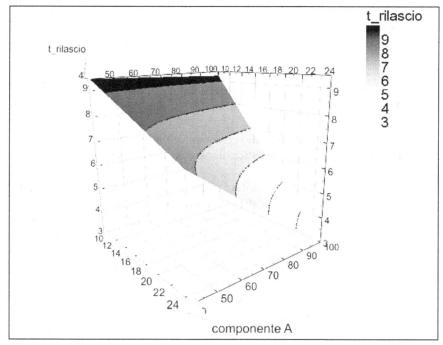

Fig. 1.8b. Superficie tridimensionale rappresentativa della risposta t_rilascio

ressato alla comprensione di un fenomeno specifico che si verifica in un determinato dominio e non alla determinazione di una legge di carattere generale. L'equazione generalmente utilizzata in questi casi è un polinomio avente la seguente forma generale:

$$P(x)= \beta_0 + \beta_1 x + \beta_2 x^2 + ... + \beta_n x^n$$
β_i = coefficienti o parametri del modello

Tale scelta è giustificata dalla seguente proposizione:
una generica funzione y=g(x) continua ed n volte derivabile in un intervallo [a,b], nelle condizioni che le derivate siano continue fino al grado n, può essere approssimata da un polinomio P(x) di grado n avente la forma generale sopra riportata (per la dimostrazione si veda il teorema di Taylor); i sistemi naturali, considerati in un dominio limitato, generalmente soddisfano a queste condizioni.
Le informazioni derivanti dalla fase sperimentale permettono di passare dalla forma generale del polinomio a una forma specifica mediante la stima numerica dei parametri β_i. Noti i parametri, il modello può essere utilizzato per predire il valore di y corrispondente a ciascun punto compreso nel dominio esplorato. Il metodo utilizzato per la determinazione dei coefficienti è la regressione, mentre il criterio è quello dei minimi quadrati.

La regressione è detta "semplice" se la relazione coinvolge un fattore e una risposta, mentre è detta "multipla" se coinvolge più fattori e una risposta; infine, è di tipo PLS qualora coinvolga più fattori e più risposte:

y	↔	x	regressione semplice
y	↔	$(x_1, x_2 \ldots x_n)$	regressione multipla
$(y_1 \ldots y_m)$	↔	$(x_1, x_2 \ldots x_n)$	PLS

(per una descrizione del metodo di regressione e del criterio dei minimi quadrati si rimanda a un testo di statistica; il metodo di regressione PLS sarà invece descritto nel Capitolo 2).

I sistemi naturali possono presentare andamenti molto complessi la cui rappresentazione richiede polinomi di ordine 3 o superiore. All'aumentare del grado del polinomio aumenta il numero dei termini che lo compongono e, parimenti, aumenta il numero di esperimenti necessari per la determinazione dei coefficienti.

Tuttavia, qualsiasi sistema considerato in un dominio sperimentale sufficientemente ristretto può essere rappresentato in modo appropriato da una equazione di grado 2 o lineare. Ad esempio, in Figura 1.9 è rappresentata una curva di grado superiore al secondo la quale, però, nell'intervallo [a,b], può essere approssimata da un'equazione di ordine 2 mentre nell'intervallo [c,d] da una equazione lineare.

In base a queste considerazioni, il metodo DOE prevede lo studio di un sistema in un dominio sperimentale tale per cui un'equazione di ordine primo, secondo o più raramente terzo, risulta essere un modello adeguato.

Le seguenti equazioni rappresentano la forma generale di un polinomio di secondo ordine per sistemi controllati rispettivamente da 1 e da 2 variabili.

$$y = f(x) = \beta_0 + \beta_1 x + \beta_2 x^2 + e$$
$$y = f(x_1, x_2) = \beta_0 + \beta_1 x_1 + \beta_2 x_2 + \beta_{12} x_1 x_2 + \beta_{11} x_1^2 + \beta_{22} x_2^2 + e$$
$$e = \text{residuo}$$

β_0 è il termine noto, β_1 e β_2 sono i coefficienti dei termini lineari, β_{12} è il coefficiente del termine di interazione tra le variabili x_1 e x_2, β_{11} e β_{22} sono i coefficienti dei termini quadratici (l'interpretazione di tali coefficienti sarà discussa nei paragrafi seguenti); il residuo e rappresenta la variazione misurata non spiegata dal modello.

Le variabili che influenzano un sistema possono essere grandezze di tipo diverso e possono variare in intervalli di ampiezza diversa. Al fine di confrontare l'effetto della variazione di tali grandezze sulla risposta, è necessario applicare una trasformazione che le renda indipendenti dall'unità di misura e dall'intervallo di variabilità. La trasformazione generalmente adottata, trasla lo zero naturale al punto medio del dominio e applica a ciascun fattore una normalizzazione rispetto al corrispondente intervallo di variabilità. L'equazione della trasformazione è:

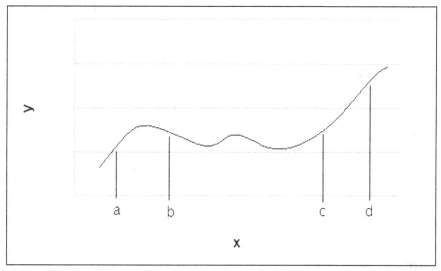

Fig.1.9. Andamento di una curva di grado superiore al secondo; nell'intervallo [a,b] essa può essere approssimata da una equazione quadratica, nell'intervallo [c,d] da un'equazione lineare

$X = (x-x_{c.p.})/R$.
X = valore del fattore nel nuovo sistema di riferimento
x = valore del fattore nel sistema di riferimento originario
$x_{c.p.}$ = valore di x al punto centrale dell'intervallo di variabilità (c.p. = *center point*)
R = semi ampiezza dell'intervallo di variabilità

La trasformazione è dunque applicata ai fattori prima del calcolo dell'equazione di regressione.

Gli obiettivi di una sperimentazione

La definizione dell'obiettivo, ossia dello scopo di una sperimentazione, è fondamentale per la determinazione della struttura del piano sperimentale. Qualora lo scopo sia estrarre dai dati le informazioni preliminari sul sistema, il piano dovrà prevedere l'esecuzione di pochi esperimenti in grado di fornire le indicazioni di massima; se invece lo scopo è la ricerca di condizioni sperimentali che soddisfino una particolare richiesta, il piano prevederà l'uso di un disegno in grado di fornire una descrizione dettagliata del sistema mediante un'equazione avente un basso errore di predizione e richiederà l'esecuzione di un numero superiore di esperimenti rispetto alla situazione precedente. La definizione dell'obiettivo è perciò parte fondamentale nella formulazione del problema e richiede particolare attenzione da parte dello sperimentatore. La metodologia DOE distingue tre principali obiettivi: *screening*, ottimizzazione e *test* di robustezza.

Obiettivo "Screening"

Un problema è definito di *screening* quando lo studio è alle sue fasi iniziali e dunque poco è noto sul sistema.

Due sono gli obiettivi posti in questa fase:
- esplorare quei fattori che potenzialmente influenzano il sistema al fine di individuare quelli che mostrano un effetto misurabile;
- identificare, per ciascuno di essi, il corretto intervallo di variabilità.

I modelli utilizzati in questa fase prevedono il calcolo di soli coefficienti lineari oppure di coefficienti lineari e di interazione.

Obiettivo "Ottimizzazione"

La fase di ottimizzazione è successiva alla fase di *screening* e prevede che siano note le informazioni sul numero e tipo di fattori che influenzano il sistema e sul corretto dominio sperimentale da esplorare. Ha lo scopo di fornire informazioni dettagliate sulle relazioni tra i fattori e le risposte, e in particolare di:
- stimare i parametri del modello con bassa incertezza (ciò permette di ridurre l'errore in predizione);
- determinare un modello in grado di predire il valore della risposta corrispondente a ciascuna combinazione dei fattori appartenente al dominio sperimentale;
- identificare le condizioni sperimentali che soddisfino le richieste.

I modelli usati in fase di ottimizzazione dipendono dalla complessità del sistema e possono essere di tipo lineare, quadratico e più raramente di terzo grado; la loro determinazione richiede un numero di esperimenti superiore rispetto ai modelli usati nella fase di *screening*.

Obiettivo "Test di robustezza"

La robustezza di un prodotto o di un metodo è definita come l'indipendenza delle caratteristiche di interesse da piccole variazioni dei fattori. Con piccole variazioni si intende lo scostamento dei fattori dai valori nominali in fase di realizzazione del prodotto o di utilizzo del metodo dovuti a cause non controllabili.

Il test di robustezza è dunque eseguito dopo la fase di ottimizzazione con lo scopo di:
- verificare l'indipendenza delle risposte rispetto a piccole variazioni dei fattori cioè accertare che il prodotto o metodo sia robusto;
- nel caso in cui la robustezza non sia verificata, identificare i fattori che ne

sono la causa al fine di poter operare su di essi un maggiore controllo.

Un modello lineare che prevede l'esecuzione di un numero ridotto di esperimenti è generalmente adatto a questi scopi.

Tipologie di piani sperimentali

Un piano sperimentale è una disposizione nello spazio dei fattori dei punti corrispondenti alle condizioni sperimentali da testare. Ciascun disegno è in grado di fornire un determinato livello di informazione sul sistema ed è associato a una specifica equazione di regressione; scelto il disegno, rimane quindi determinato il modello da utilizzare per la rappresentazione del sistema.

Piani fattoriali completi

I piani fattoriali completi prevedono di testare ciascun fattore a ciascun livello stabilito per gli altri fattori, presentano geometria regolare e permettono l'esplorazione di un dominio simmetrico.

In questo paragrafo sono descritti i piani fattoriali completi per fattori definiti a due livelli: in Figura 1.10 sono rappresentati a sinistra il piano fattoriale completo per lo studio di due fattori, a destra il piano fattoriale completo per l'esplorazione di tre fattori.

Questi disegni sono di uso frequente poiché richiedono l'esecuzione di un numero limitato di esperimenti (tale numero è pari a L^F con L = numero di livelli, F = numero di fattori) e forniscono un buon livello di informazione sul sistema. I risultati sperimentali ottenuti con questi piani, infatti, possono essere interpretati mediante un modello di tipo lineare comprensivo dei termini di interazione. La stima dei parametri del modello permette di calcolare l'effetto della variazione di ogni fattore sulla risposta e l'effetto di interazione dei due fattori. Ai due piani illustrati in Figura 1.10 corrispondono, rispettivamente, le seguenti equazioni:

$$y = \beta_0 + \beta_1 x_1 + \beta_2 x_2 + \beta_{12} x_1 x_2 + e$$
$$y = \beta_0 + \beta_1 x_1 + \beta_2 x_2 + \beta_3 x_3 + \beta_{12} x_1 x_2 + \beta_{13} x_1 x_3 + \beta_{23} x_2 x_3 + \beta_{123} x_1 x_2 x_3 + e$$

È importante sottolineare che la particolare disposizione delle prove sperimentali nello spazio dei fattori prevista da questi disegni permette la stima dei parametri β_i in modo indipendente gli uni dagli altri, facilitando l'interpretazione dei risultati. β_0 è il termine noto, β_1 e β_2 rappresentano, rispettivamente, l'effetto sulla risposta della variazione del solo fattore x_1 e del solo fattore x_2, β_{12} è il parametro che quantifica l'effetto su y dell'interazione di x_1 e x_2 mentre β_{123} quantifica l'interazione tra tre fattori (ed è generalmente trascurabile). La rappresentazione grafica di queste equazioni (superficie di risposta) è un piano se i coefficienti di interazione risultano non significativi, oppure, in caso con-

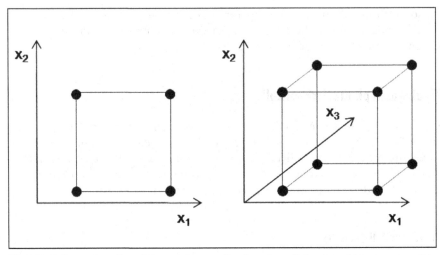

Fig. 1.10. Sinistra: piano fattoriale completo per l'esplorazione di due fattori. Destra: piano fattoriale completo per l'esplorazione di tre fattori. In entrambi i casi, ciascun fattore è stato definito a due livelli

trario, un piano distorto. I piani fattoriali completi sono utilizzati per un problema di *screening* fintanto che il numero dei fattori in esame è limitato a 3 o 4; con 5 fattori il numero di esperimenti da compiere è pari a 32 e per queste situazioni è preferibile utilizzare disegni più economici come i fattoriali frazionari.

Piani fattoriali frazionari

I piani fattoriali frazionari possono essere rappresentati come derivanti da un fattoriale completo per omissione di alcune prove sperimentali. La disposizione, nello spazio dei fattori, delle condizioni sperimentali da testare rimane comunque di simmetria tale da esplorare in modo omogeneo il dominio. Questi disegni sono disponibili per uno studio che coinvolge almeno tre fattori; in Figura 1.11 sono rappresentate le due configurazioni possibili e, da un punto di vista teorico, equivalenti per un piano fattoriale frazionario a tre fattori, ognuno di essi definito a due livelli.

L'utilità di questi disegni deriva dall'osservazione che, all'aumentare dei fattori in esame, la quantità di esperimenti richiesta per la realizzazione di un piano fattoriale completo aumenta secondo la potenza 2^F; tuttavia, l'informazione utile può essere spesso ottenuta effettuando solo una frazione dei test previsti da un disegno fattoriale completo. Si consideri ad esempio lo studio di sei variabili, ciascuna definita a due livelli: un piano fattoriale completo prevede di eseguire 2^6, cioè 64 esperimenti i cui risultati sono utilizzati per calcolare i 64 coefficienti dell'equazione di regressione e precisa-

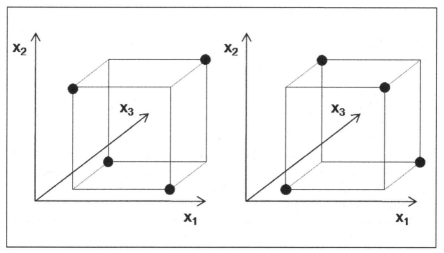

Fig. 1.11. Piani fattoriali frazionari a tre fattori ciascuno dei quali è stato definito a due livelli

mente: 1 coefficiente che stima il termine noto, 6 coefficienti relativi agli effetti di ciascun fattore, 15 coefficienti per la stima degli effetti di interazioni tra due variabili, etc. (i rimanenti parametri sono relativi a interazioni tra 3, 4, 5 e 6 fattori). Con riferimento al valore assoluto, l'effetto di un singolo fattore tende a essere maggiore rispetto all'effetto di interazione tra due fattori mentre quello relativo a interazione tra tre o più variabili risulta trascurabile. I piani fattoriali frazionari sfruttano questa ridondanza in termini di coefficienti calcolati per cercare di ottenere l'informazione utile (contenuta nei parametri aventi valore assoluto non trascurabile) effettuando soltanto una frazione dei test previsti da un piano L^F.

La notazione utilizzata per indicare un piano fattoriale frazionario è 2^{F-n} nella quale 2 indica il numero di livelli definiti per ogni fattore, F il numero di fattori in esame, n la frazione di test da svolgere rispetto a un fattoriale completo (per n = 1 tale frazione è 1/2; per n = 2 è pari a 1/4; per n = 3 a 1/8, etc); 2^{F-n} è il numero totale di test da effettuare. La disponibilità di un numero di dati sperimentali inferiore al numero di parametri da stimare implica che ciascun coefficiente calcolato mediante un piano fattoriale frazionario è una combinazione lineare (detta *confounding*) di due o più coefficienti. La tipologia (o *pattern*) di *confounding* dipende dal numero totale di fattori in esame e dalla frazione di esperimenti eseguita. Si consideri ad esempio lo studio dell'influenza di quattro fattori, definiti ciascuno a due livelli, su una risposta mediante un piano fattoriale frazionario 2^{4-1}: i dati ottenuti dagli otto test permettono la stima di otto parametri ciascuno dei quali è rappresentativo della somma di due effetti secondo lo schema seguente:

$$\beta_1\# = \beta_1 + \beta_{234}$$
$$\beta_2\# = \beta_2 + \beta_{134}$$
$$\beta_3\# = \beta_3 + \beta_{124}$$
$$\beta_4\# = \beta_4 + \beta_{123}$$
$$\beta_{12}\# = \beta_{12} + \beta_{34}$$
$$\beta_{13}\# = \beta_{13} + \beta_{24}$$
$$\beta_{14}\# = \beta_{14} + \beta_{23}$$
$$\beta_0\# = \beta_0 + \beta_{1234}$$

Poiché, in prima approssimazione, è possibile trascurare gli effetti dovuti all'interazione di tre o più variabili, questo disegno consente di determinare gli effetti dovuti alla variazione di singoli fattori; non è invece possibile discriminare l'effetto di interazione di due fattori.

All'aumentare del numero di variabili indipendenti in esame, aumenta il numero e la tipologia di piani fattoriali frazionari disponibili:

F   piano fattoriale frazionario
4   2^{4-1}
5   2^{5-1}; 2^{5-2}
6   2^{6-1}; 2^{6-2}; 2^{6-3}

Per la determinazione del *pattern* di *confounding* associato a ciascun piano fattoriale frazionario si veda: Montgomery DC (2005). Questi piani sono utilizzati in fase di *screening* quando sia necessario valutare l'influenza di un numero elevato di fattori sul sistema, oppure in un test di robustezza; la superficie di risposta a essi associata è un piano.

Piani fattoriali compositi

I piani fattoriali compositi sono utilizzati in fase di ottimizzazione e permettono una descrizione dettagliata del sistema. Prevedono un numero di esperimenti superiore rispetto al corrispondente piano fattoriale completo poiché investigano ciascun fattore a tre o a cinque livelli; presentano geometria regolare e permettono l'esplorazione di un dominio simmetrico. In Figura 1.12 sono rappresentati due tra i più comuni piani sperimentali appartenenti alla famiglia dei compositi. Il piano fattoriale composito a facce centrate (*central composite face-centered*, CCF) prevede la disposizione dei punti assiali (individuati in Figura 1.12 dall'indicatore bianco) a metà di ciascun lato (o al centro di ciascuna faccia) del poligono (o solido) originato dal corrispondente piano fattoriale completo; il piano fattoriale composito circoscritto (*central composite circumscribed*, CCC) prevede, invece, la disposizione dei punti assiali a metà dell'intervallo di variabilità di ciascun fattore, a una distanza dal centro tale che tutti i punti del disegno risultano circoscritti da una circonferenza (la distanza dei punti assiali dal centro del disegno può, comunque, essere modificata).

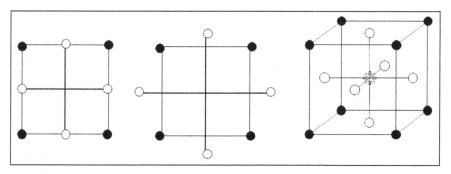

Fig. 1.12. Piani fattoriali compositi per due fattori definiti a due livelli: sinistra: CCF; centro: CCC. Destra: piano CCC per tre fattori definiti a due livelli

Nel caso in cui i fattori in esami siano più di quattro, la parte del disegno composito individuata dagli indicatori in nero non corrisponde più a un piano fattoriale completo, ma a un fattoriale frazionario che consente la stima dei coefficienti dei termini lineari e di interazione tra due variabili.

La presenza dei punti assiali permette la stima dei coefficienti del secondo ordine e l'equazione di regressione assume la seguente forma generale:

$$y = \beta_0 + \beta_1 x_1 + \beta_2 x_2 + \beta_{12} x_1 x_2 + \beta_{11} x_1^2 + \beta_{22} x_2^2 + e$$

Tali equazioni sono molto flessibili e consentono la rappresentazione di molteplici tipologie di superficie: a cupola, a sella, a dorsale stazionaria o discendente.

Altri piani sperimentali adatti a una fase di ottimizzazione sono, ad esempio:
- i fattoriali completi a tre livelli;
- i piani Box-Behnken hanno geometria regolare, e prevedono lo studio di ciascun fattore a tre livelli senza coinvolgere gli estremi degli intervalli di variabilità (Eriksson L, Johansson E, Kettaneh-Wold N, Wikstrom C, Wold S, 2008);
- i D-ottimali: disegni estremamente flessibili, adatti all'esplorazione di domini irregolari, a gestire lo studio di fattori qualitativi definiti a più di due livelli o allo studio di fattori di processo unitamente a fattori di formulazione; sono inoltre in grado di considerare l'inclusione nel corrente piano sperimentale di prove già effettuate (Eriksson L, Johansson E, Kettaneh-Wold N, Wikstrom C, Wold S, 2008).

Relazioni tra piani fattoriali completi, frazionari e compositi

I disegni fattoriali sono di uso frequente poiché forniscono risultati di semplice interpretazione e poiché la loro geometria, consentendo di trasformare un disegno fattoriale frazionario in uno completo e quindi in un composito per aggiunta di prove sperimentali, permette di programmare l'acquisizione dell'informazione per gradi successivi in ognuno dei quali è possibile sfruttare i dati acquisiti nella fase precedente. Si consideri ad esempio lo studio di tre fattori definiti ciascuno a due livelli: è possibile organizzare una prima fase di *screening* nella quale verificare l'effettiva influenza di tutti i fattori sulla risposta mediante un piano fattoriale frazionario. Successivamente, è possibile pianificare una seconda fase di *screening* trasformando il piano in un fattoriale completo per aggiunta di quattro opportune prove sperimentali: i dati disponibili consentono ora di generare un modello in grado di rappresentare il sistema mediante un'equazione lineare e di fornire informazioni su eventuali interazioni tra i fattori; nel caso di un sistema semplice che presenti effettivamente un andamento lineare (con, eventualmente, delle interazioni) la fase di ottimizzazione non è necessaria. Quando invece ci siano evidenze di un andamento del secondo ordine, è possibile eseguire le sei ulteriori prove sperimentali, corrispondenti ai punti assiali, in modo da generare un piano composto. La sequenza appena descritta è illustrata in Figura 1.13.

Inoltre, i piani fattoriali frazionari contengono in sé piani fattoriali completi a un numero inferiore di variabili. Si consideri ad esempio il piano fattoriale frazionario in Figura 1.13: nel caso in cui uno dei tre fattori in esame risulti ininfluente, tale disegno corrisponde a un fattoriale completo a due fattori come illustrato in Figura 1.14. In questo caso è dunque possibile studiare il sistema, senza eseguire ulteriori esperimenti, mediante un piano che non presenti le difficoltà del *confounding*.

Un ulteriore motivo che giustifica l'uso frequente di questa famiglia di piani è la possibilità di progettare uno studio di ottimizzazione a partire da un disegno fattoriale completo programmandone l'eventuale integrazione con prove sperimentali adatte alla stima di un particolare coefficiente del secondo ordine. Gli indicatori bianchi in Figura 1.15 permettono la stima del coefficiente di ordine 2 per la variabile x_1.

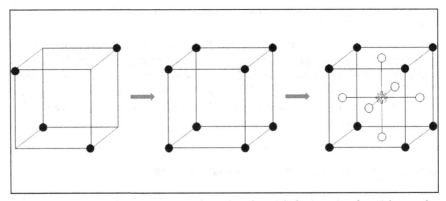

Fig. 1.13. Sequenza per il completamento di un pano fattoriale frazionario a fattoriale completo e quindi a composito

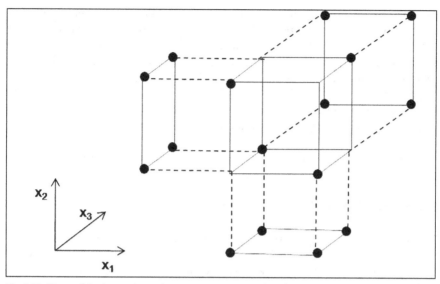

Fig. 1.14. Piano 2^{3-1} e le corrispondenti proiezioni nei piani 2^2

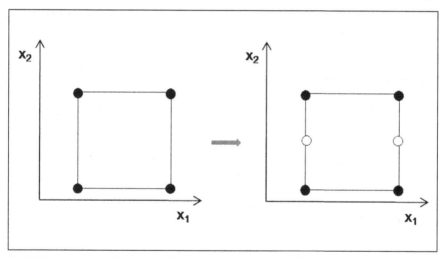

Fig. 1.15. Integrazione di un piano 2^2 con esperimenti per il calcolo del coefficiente del secondo ordine per la sola variabile X_1

Formulazione del problema

La descrizione dettagliata del sistema in esame e degli obiettivi che ci si pone (formulazione del problema) è una fase fondamentale della pianificazione di una sperimentazione: occorre quindi porre particolare attenzione in questa fase e sfruttare quanto più possibile le conoscenze già disponibili sul sistema al fine di operare scelte in grado di portare rapidamente alla risoluzione del problema. Nel formulare un problema è necessario descrivere approfonditamente quanto noto sul sistema e definire:

- gli obiettivi;
- le risposte di interesse;
- i fattori in esame e i rispettivi intervalli di variabilità;
- la strategia.

Ciascuno di questi argomenti è trattato nei seguenti paragrafi.

Definizione degli obiettivi

Gli scopi per i quali si intraprende una sperimentazione possono essere molteplici: la ricerca del valore massimo (o minimo) di una proprietà, lo sviluppo di un nuovo prodotto o di un nuovo processo, la messa a punto o l'ottimizzazione di un metodo o, la verifica della sua robustezza e altri ancora. Spesso si rende necessario raggiungere più di uno scopo nella stessa fase di sperimentazione. Stabilito lo scopo e considerate le conoscenze già disponibili sul sistema, si procede alla definizione dell'obiettivo della sperimentazione secondo le categorie precedentemente descritte.

Identificazione delle risposte

Le risposte misurate devono essere grandezze rappresentative delle proprietà di interesse e devono necessariamente essere fornite come valore numerico, anche quando la rilevazione è prevista secondo una scala qualitativa, questa deve essere trasformata opportunamente in una scala quantitativa affinché i risultati possano essere sottoposti ad analisi.

Scelta dei fattori

La scelta dei fattori da testare e dell'intervallo di variabilità per ciascuno di essi, nel caso di sistemi complessi o quando le informazioni a disposizione sono limitate, può essere complicata: lo studio di molte variabili comporta lo svolgere un numero elevato di esperimenti; d'altra parte, l'esclusione dal piano sperimentale di un fattore influente rende impossibile definire un modello per il controllo del sistema. È necessario, in questa fase, fare affidamento sull'esperienza ed eventualmente verificare l'effettiva influenza dei fattori selezionati e l'opportunità degli intervalli di variabilità scelti, mediante piani che prevedano l'impiego di poche prove sperimentali. Gli strumenti *software* di supporto alla metodologia DOE permettono lo studio di fattori quantitativi (il cui valore è definito mediante una scala numerica) e qualitativi (che individuano, cioè, una categoria).

Un esempio di fattore quantitativo è la dose di farmaco somministrata a un campione di individui, oppure il pH in una reazione di fermentazione, mentre il tipo di farmaco somministrato, o il sesso degli individui che partecipano alla sperimentazione o ancora la tipologia di colonna cromatografica utilizzata per una separazione, sono esempi di fattori qualitativi. I fattori quantitativi sono distinti in fattori di processo se la quantità di ciascuno di essi può essere variata indipendentemente l'una dall'altra, e di formulazione quando invece la variazione della quantità è vincolata dalla relazione:

$\sum_i x_i = 1$

x_i: fattore il cui intervallo di variabilità [a,b] è stato scalato a [0,1]

In quest'ultimo caso lo studio deve essere effettuato mediante opportuni disegni sperimentali in grado di considerare tale vincolo, e cioè i piani di formulazione. Per un approfondimento sui disegni di formulazione si veda: (Cornell JA 2002). La scelta del dominio sperimentale può essere fatta a partire da condizioni sperimentali alle quali il comportamento del sistema è noto e organizzando, rispetto a queste, gli intervalli di variabilità di ciascun fattore così che le condizioni note risultino al centro del disegno. Una pianificazione DOE prevede, inoltre, la stima dell'errore sperimentale mediante una serie di 3 o 5 misure ripetute al centro del disegno. Tale stima è fondamentale per il calcolo degli indicatori della bontà del modello (alcuni di questi parametri saranno descritti nel paragrafo *Analisi dei dati e stima del modello*).

Identificazione della strategia

Definito lo scopo della sperimentazione e l'obiettivo, la ricerca della soluzione del problema può avvenire secondo percorsi sperimentali diversi. Si consideri ad esempio lo studio di tre fattori con scopo di ottimizzazione. Alcune delle strategie che si possono adottare sono:
1. Piano fattoriale composto.
   Consente la generazione di un modello quadratico; richiede di effettuate 14 esperimenti.
2. Piano fattoriale completo ed eventuale integrazione per la stima di specifici coefficienti del secondo ordine (la stima di ciascun coefficiente del secondo ordine richiede due esperimenti).
   Nella prima fase gli esperimenti effettuati permettono di generare un modello lineare; in base alle informazioni ottenute, si procede alla pianificazione della fase successiva.
   Seconda fase:
   • se il modello lineare risulta adeguato, non è necessario effettuare ulteriori *test* e lo studio di ottimizzazione si conclude quindi con l'esecuzione di 8 esperimenti;

- se nella prima fase si evidenzia una dipendenza del secondo ordine della risposta da uno dei fattori, il piano viene integrato eseguendo 2 ulteriori prove che permettono la stima del coefficiente quadratico di interesse; gli esperimenti da compiere, in questo caso, sono 8+2;
- se si evidenzia invece una dipendenza del secondo ordine della risposta da due fattori, gli esperimenti da effettuare per una corretta descrizione del sistema sono 8+4;
- se il modello lineare risulta inadeguato e non è possibile identificare quale dei fattori determina un andamento del secondo ordine della risposta, il piano fattoriale completo è integrato con tutti i punti assiali in modo da disporre di un piano fattoriale composto; complessivamente, è necessario effettuare 8+6 esperimenti.

3. Piano fattoriale frazionario: seguendo lo stesso metodo appena descritto, è possibile prevedere, come primo stadio, un piano fattoriale frazionario.

(Le misure ripetute necessarie per la stima dell'errore sperimentale non sono generalmente conteggiate nel numero di esperimenti da eseguire per il confronto di strategie diverse). La migliore strategia da adottare dipende dallo scopo della sperimentazione e dal grado di esperienza dello sperimentatore riguardo al sistema; una procedura che preveda l'esecuzione delle prove in stadi successivi è da preferire poiché tutela da un'eventuale sovrastima degli esperimenti necessari.

Analisi dei dati e stima del modello

La prima fase dell'analisi dei dati prevede una serie di controlli sui valori misurati al fine di valutarne la distribuzione, stimare l'errore sperimentale e confrontarne l'entità con la variabilità misurata in condizioni sperimentali diverse. Effettuati questi accertamenti, i dati sperimentai sono utilizzati per la stima dei coefficienti di regressione e quindi per la determinazione del modello.

Prima dello studio e dell'uso di un modello, è necessario verificarne la "bontà". Due parametri fondamentali per questo scopo sono R^2 e Q^2: R^2 o coefficiente di determinazione (primo istogramma in Figura 1.16a) misura la discrepanza tra i punti sperimentali e i corrispondenti punti del modello, ha valore compreso tra 0 e 1 e quando $R^2 = 1$ tale discrepanza è nulla; Q^2 (secondo istogramma in Figura 1.16a) stima invece il potere predittivo del modello, ha valore massimo pari a 1 ed è sempre inferiore a R^2.

Model Validity, rappresentato in Figura 1.16a dal terzo istogramma, confronta l'errore sperimentale con l'errore associato al modello e indica un modello adeguato alla rappresentazione dei punti sperimentali quando assume un valore superiore a 0,25; il quarto istogramma rappresenta graficamente l'entità dell'errore sperimentale, ha limite superiore uguale a 1, valore che corrisponde a errore sperimentale nullo.

La ricerca del miglior modello (per il quale, cioè, sono massimi i valori dei parametri sopra descritti) è effettuata modificando opportunamente il numero dei coefficienti presenti nell'equazione di regressione: l'eliminazione di un coefficiente non significativo può contribuire all'aumento di Q^2 e di *Model Validity*, mentre l'inserimento di un coefficiente di ordine tre (quando consentito dal disegno sperimentale effettuato) può contribuire all'aumento dei parametri R^2, Q^2 e *Model Validity*.

I grafici nelle Figure 1.16a, 1.16b e 1.16c sono relativi alla problematica ottimizzazione del tempo di rilascio di un farmaco, già presentata all'inizio di questo capitolo.

Il primo rappresenta graficamente i parametri riassuntivi della "bontà" del modello e mostra valori ottimali. Il secondo rappresenta graficamente i valori dei coefficienti di regressione con i rispettivi intervalli di confidenza e pertanto fornisce informazioni importanti per la ricerca del miglior modello e per la sua interpretazione. Ciascuno dei coefficienti dei termini lineari rappresenta l'effetto provocato sulla risposta per una variazione del corrispondente fattore dal valore al punto centrale del disegno al suo limite superiore e per una variazione nulla negli altri fattori (si ricordi infatti che, conseguentemente alla trasformazione applicata ai fattori, l'origine del sistema di riferimento è stata traslata al punto centrale del disegno). Nel caso in esame, ad A è associato un effetto doppio rispetto a B; entrambi i coefficienti hanno valore negativo, a indicare che, per un aumento nella composizione del farmaco del dosaggio di A e B, la risposta diminuisce. L'istogramma A*B quantifica l'interazione tra i due fattori A e B e rappresenta il contributo addizionale alla variazione della risposta che viene generato quando entrambi i fattori sono fatti variare; tale interazione è responsabile della distorsione della superficie di risposta rispetto a un andamento lineare. In questo caso specifico, un aumento nella formulazione, sia di A che di B, mostra un contributo addizionale negativo di entità simile all'effetto del fattore B.

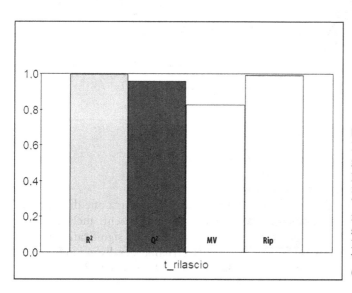

Fig. 1.16a.
Rappresentazione grafica dei parametri riassuntivi della "bontà" del modello (da sinistra a destra): R^2, Q^2, *MV* (Model Validity), *Rip* (Riproducibilità)

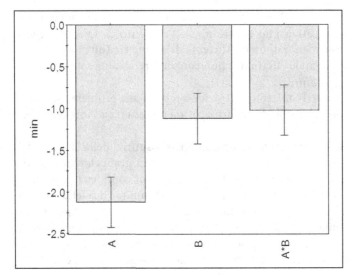

Fig. 1.16b. Grafico dei coefficienti dell'equazione di regressione

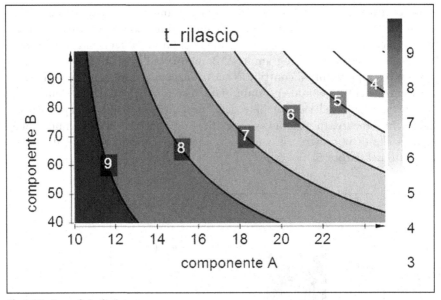

Fig. 1.16c. Superficie di risposta

Nel caso in cui il disegno utilizzato sia adatto alla generazione di superfici del secondo ordine, nel grafico dei coefficienti saranno presenti anche gli istogrammi corrispondenti ai parametri β_{ii}. Un parametro β_{ii} significativo indica una dipendenza quadratica della risposta dalla variabile x_i e il suo modulo è la stima dell'entità di tale dipendenza; se β_{ii} è positivo, la concavità della superficie è rivolta verso l'alto; viceversa se il segno del coefficiente è negativo. Altri grafici di supporto all'interpretazione del modello sono il diagramma della probabilità normale (utile per identificare eventuali punti devianti dal modello), il diagramma $y_{misurato}/y_{predetto}$ (che rappresenta la capacità del modello di descrivere l'andamento dei punti sperimentali) e il grafico delle interazioni (che, visualizzando tali grandezze mediante un diagramma x/y, permette di effettuare una prima valutazione del loro effetto sulla distorsione della superficie di risposta). La superficie di risposta è il diagramma che più di ogni altro è utile per interpretare il significato degli effetti misurati: essa rappresenta l'insieme dei valori di y predetti nel dominio sperimentale mediante curve di isolivello che rendono semplice la ricerca delle condizioni sperimentali di interesse (Figura 1.16c). Ciascun valore predetto è fornito unitamente alla stima dell'errore. Alcuni software dispongono di algoritmi per la ricerca automatica delle soluzioni (utili nell'analisi di superfici multidimensionali o quando è necessario ottimizzare più di una risposta contemporaneamente) e della tabella ANOVA per l'analisi della varianza (per una descrizione dettagliata dell'analisi della varianza, si veda un testo di statistica classica).

Ottimizzazione delle condizioni di crescita del lievito
Pachysolen tannophilus

L'uso del lievito *Pachysolen tannophilus* è stato considerato per i processi di fermentazione industriali, data la sua elevata capacità di trasformare carboidrati pentosi ed esosi in etanolo e xilitolo (Roebuck K, Brundin A, Johns M, 1995). Poiché la produzione di biomasse è un elemento importante in tali processi, è opportuno controllare con attenzione e ottimizzare i fattori che determinano la crescita cellulare. Di seguito è descritta la fase di ottimizzazione dello studio di questo processo. Lo scopo è di stabilire le relazioni esistenti tra i due principali fattori che determinano la crescita cellulare del lievito *Pachysolen tannophilus* (il pH e la temperatura di reazione) e identificare le condizioni di reazione in grado di fornire il massimo della resa.

La risposta di interesse è determinata mediante misure di densità ottica (OD) a 600 nm.

I fattori in esame sono il pH che è fatto variare da 2,5 a 5,3 unità, e la temperatura (t), il cui intervallo di variabilità è pari a [30 °C; 40 °C]. Lo studio è effettuato mediante un piano fattoriale composto CCC nel quale la posizione dei punti assiali è stata modificata così da evitare esperimenti a temperature esterne all'intervallo di variabilità definito.

Il dominio sperimentale è rappresentato in Figura 1.17.

Il numero di esperimenti previsti da un piano CCC per lo studio di due fattori definiti a due livelli è 8; sono state eseguite due prove al centro e l'intero disegno è stato duplicato per un miglior controllo sui dati sperimentali. Il numero totale di esperimenti è dunque 20. Dopo aver eseguito le analisi di controllo sui dati misurati, questi sono stati utilizzati per la generazione del

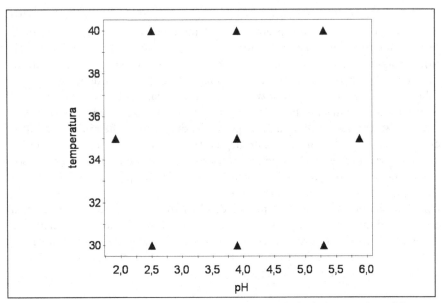

Fig. 1.17. Disposizione dei test nel dominio sperimentale secondo il piano CCC modificato

modello. Il corrispondente diagramma dei parametri R^2, Q^2, *Model Validity*, Riproducibilità e il grafico dei coefficienti sono rappresentati nelle Figure 1.18a e 1.18b.

R^2 ha valore 0,94, Q^2 0,87 quindi il modello è in grado di rappresentare bene i punti sperimentali e ha buone capacità predittive; il parametro Riproducibilità è pressoché uguale a 1 (il suo valore è pari a 0,997) con indice di un errore sperimentale basso, mentre il paramento *Model Validity* risulta negativo.

Il coefficiente di interazione tra i due fattori (pH*t in Figura 1.18b) risulta non significativo. È possibile verificare se l'eliminazione di questo coefficiente dall'equazione di regressione migliora i parametri del modello: R^2 rimane invariato, Q^2 è di poco superiore al precedente ($Q^2 = 0,88$) mentre *Model Validity* rimane negativo. Da ulteriori analisi, non risulta la presenza di punti devianti dal modello, ma piuttosto emergono indicazioni sulla possibilità di un andamento del sistema di ordine superiore al quadratico. In questo caso è possibile utilizzare un'equazione del terzo ordine rispetto al fattore pH poiché questo è stato testato a cinque livelli. La corrispondente equazione di regressione presenta i seguenti parametri: $R^2 = 0,97$, $Q^2 = 0,93$, *Model Validity* < 0; è possibile che il parametro *Model Validity* risulti negativo data l'elevata riproducibilità delle prove sperimentali.

Il modello ottenuto è il migliore disponibile mediante i dati sperimentali a disposizione, e i parametri che lo caratterizzano confermano la sua applicabilità in predizione.

L'interpretazione del corrispondente diagramma dei coefficienti (Figura 1.19) fornisce informazioni sulla dipendenza della risposta dai fattori esamina-

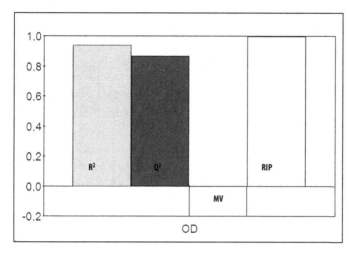

Fig. 1.18a.
Diagramma
riassuntivo dei
parametri R^2, Q^2,
MV (Model
Validity), *Rip*
(Riproducibilità)

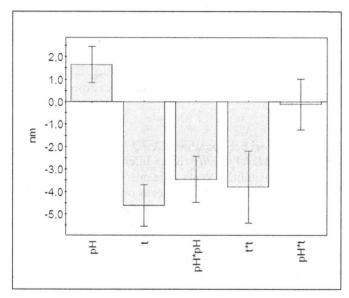

Fig. 1.18b.
Diagramma dei
coefficienti

ti; tale dipendenza può anche essere rappresentata mediante i diagrammi bidimensionali mostrati nelle Figure 1.20a e 1.20b.

La superficie di risposta, mediante la quale è possibile ricercare le condizioni sperimentali di interesse, è rappresentata in Figura 1.21.

Il presente studio permette di rispondere a tutti i quesiti proposti: la dipendenza della risposta dal fattore pH è di ordine tre (l'andamento è visualizzato in Figura 1.20a), mentre è stato possibile verificare la sola dipendenza quadratica dal fattore temperatura (Figura 1.20b).

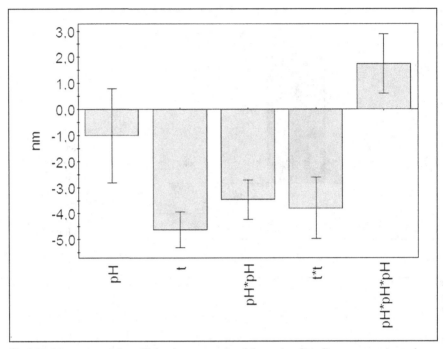

Fig. 1.19. Diagramma dei coefficienti comprensivo del termine di ordine tre e corrispondente alla migliore equazione di regressione

Il modello presenta buoni valori per i parametri R^2, Q^2 e Riproducibilità. Il valore stimato per il parametro *Model validity* risulta inferiore a zero: ciò può essere dovuto alla elevata riproducibilità rilevata nelle misure ripetute; un altro motivo può essere ricercato nella dipendenza del terzo ordine della risposta, anche rispetto al fattore temperatura (questa ipotesi, tuttavia non è stata verificata per mancanza di informazioni nella presente serie di esperimenti). Il modello ottenuto è utilizzabile per predire l'andamento del sistema e la corrispondente superficie di risposta è rappresentata in Figura 1.21. Il valore massimo di densità ottica è pari a $15,7 \pm 1,1$ e corrisponde alle condizioni sperimentali pH = 3.7 e t = 32; è possibile affermare che tali condizioni corrispondono al massimo assoluto nel dominio investigato.

Conclusioni

La collaborazione con ambienti di ricerca, e in particolar modo con i centri di ricerca privati, rende manifesta la rilevante necessità di disporre di un metodo sperimentale che sia efficace nell'affrontare e risolvere problematiche complesse, flessibile, quindi in grado di adattarsi allo studio di un elevato numero di sistemi diversi e "pratico", cioè di applicazione immediata anche da parte di

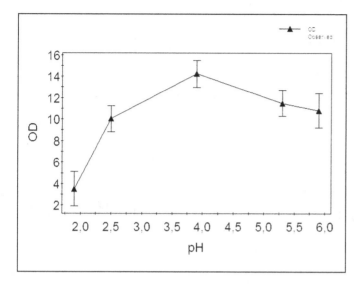

Fig. 1.20a. Andamento della densità ottica (*OD*) in funzione della variabile pH

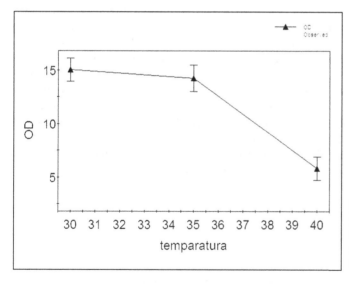

Fig. 1.20b. Andamento della densità ottica (*OD*) in funzione della variabile temperatura (*t*)

coloro i quali, pur avendo una formazione di tipo scientifico, non hanno avuto modo di approfondire tematiche di tipo statistico. Le principali esigenze cui tale metodo deve rispondere sono la necessità di giungere velocemente alla soluzione cercata, di giustificare i risultati ottenuti e di rendere disponibile la conoscenza generata per studi successivi. Il disegno sperimentale, affrontando il problema nel suo complesso mediante un approccio multivariato, è il miglior

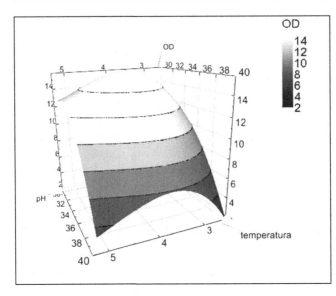

Fig. 1.21. Rappresentazione grafica del modello per la relazione tra la densità ottica (*OD*) e le variabili pH e temperatura (*t*)

metodo ad oggi disponibile per una corretta ed efficace pianificazione degli esperimenti. Grazie alla disponibilità sul mercato di strumenti software di supporto per la sua applicazione, mantiene un'elevata semplicità sia nella fase di messa a punto di un progetto, sia nell'interpretazione dei risultati, così da poter essere adottato diffusamente. Il disegno sperimentale fornisce al ricercatore un metodo di lavoro che lo guida dalla formulazione del problema alla sua risoluzione attraverso stadi successivi che consentono di accrescere la conoscenza sul sistema, evitando una sovrastima del numero di esperimenti. Il metodo, in quanto tecnica statistica, può essere adottato in qualsiasi settore; i migliori risultati si ottengono quando colui che lo applica mette a disposizione la propria esperienza e competenza sul sistema in esame, caratteristiche preziose e insostituibili per il successo di un lavoro scientifico.

Letture consigliate

Ahmad A, Alkarkhi AFM, Hena S, Siddique BM, Wai Dur K (2010) Optimization of Soxhlet Extraction of Herba Leonuri Using Factorial Design of Experiment. International Journal of Chemistry, 2:198-205

Box GEP, Hunter WG, Hunter JS (1978) Statistics for Experiments, John Wiley & Sons, Inc., New York

Cornell JA (2002) Experiments with Mixtures Design, Models and the Analysis of Mixture Data. John Wiley & Sons, Inc. New York

Eriksson L, Johansson E, Kettaneh-Wold N, Wikstrom C, Wold S (2008) D-optimal design. In: Eriksson L, Johansson E, Kettaneh-Wold N, Wikstrom C, Wold S, Design of Experiments Principles and Applications, MKS Umetrics AB, Stockolm Sweden, pp 217-230

Eriksson L, Johansson E, Kettaneh-Wold N, Wikstrom C, Wold S (2008) Additional optimization design for in regular regions. In: Eriksson L, Johansson E, Kettaneh-Wold N,

Wikstrom C, Wold S, Design of Experiments Principles and Applications, MKS Umetrics AB, Stockolm Sweden, pp 201-215

Haaland PD (1989) Experimental design in biotechnology, Marcel Dekker, Inc. New York

Johnsen, Stale, Smith, A.T.(1994) Identification of Acute Toxicity Sources in Produced Water.SPE Health, Safety and Environment in Oil and Gas Exploration and Production Conference, 25-27 January, Jakarta, Indonesia. OnePetro.org

Mandenius CF, Brundin A (2008) Bioprocess optimization using design-of-experiments methodology. Biotechnol. Prog. 24: 1191-1203

Montgomery DC (2005) Two-Level Fractional Factorial Designs. In: Montgomery DC, Design and Analysis of Experiments, 6th edition, John Wiley & Sons, Inc. USA, pp282-335

Roebuck K, Brundin A, Johns M (1995) Response surface optimization of temperature and pH for the growth of Pachysolen tannophilus. Enzyme Microb Technol, 17:75–78.

Sathishkumar T, Baskar R, Shanmugam S, Rajasekaran P, Sadasivam S, Manikandan V (2008) Optimization of flavonoids extraction from the leaves of Tabernaemontana heyneana Wall. using L16 Orthogonal design. Nature and Science, 6(3):10-21

Steinberg DM, Hunter WG (1984) Experimental Design: Review and Comments, Technometrics, 26, 71-98

Waaler PJ, Graffner C, Muller BV (1992) Optimization of a matrix tablet formulation using a mixture design Acta Pharm Nord, 4(1):9-16

CAPITOLO 2

Analisi statistica multivariata di dati

Matteo Stocchero

Introduzione

Le tecniche sperimentali in uso nei moderni laboratori di biologia o chimica e le complesse simulazioni al calcolatore di sistemi biologici producono insiemi di dati che non possono essere studiati con le tecniche della statistica classica, ma richiedono opportune strategie di analisi. L'analisi statistica multivariata di dati (in inglese *MultiVariate Statistical data Analysis* o semplicemente MVA) è in grado di fornire questi strumenti rendendo possibile la costruzione di modelli interpretativi capaci di estrarre l'informazione contenuta in complesse strutture di dati. Possono essere messe in evidenza le relazioni nascoste tra le variabili, riconosciuti particolari andamenti nelle serie di osservazioni, caratterizzate le proprietà di un sistema rispetto a un controllo, distinti fra loro il rumore e l'informazione strutturata, ridotte le dimensioni del problema al fine di renderlo adatto a uno studio con altre tecniche di analisi, ad esempio quelle classiche. Per questi motivi molte tecniche dell'analisi statistica multivariata, quali ad esempio quelle che saranno presentate in questo capitolo, fanno parte di quello che più in generale si dice processo di *data mining* che si propone come obiettivo l'estrazione dell'informazione nascosta in complesse strutture di dati. I modelli costruiti possono avere anche un forte carattere predittivo ed essere usati per studiare il comportamento di nuovi sistemi. L'analisi dei dati può inoltre essere usata per confermare ipotesi di lavoro oppure per generare nuove ipotesi da validare con nuovi esperimenti.

Nella prima parte di questo capitolo saranno introdotti i concetti generali utili per affrontare la trattazione delle tecniche principali di analisi che occuperà la seconda parte. Sarà fatto ampio uso di metodi grafici per interpretare i modelli statistici e, per non appesantire troppo la trattazione, si cercherà di ridurre al minimo l'uso di concetti matematici cercando di trasmettere al lettore il significato del contenuto delle idee generali sottostanti i diversi metodi. Si rimanda ai testi di approfondimento citati a fine capitolo per una trattazione più rigorosa in termini matematici dei metodi descritti.

Tabelle di dati

Una tabella di dati è una struttura organizzata di dati in cui ciascuna riga rappresenta un'osservazione del sistema in esame ottenuta mediante l'uso di opportune variabili descrittive. Il numero di queste variabili raggiunge molto spesso l'ordine del centinaio o addirittura del migliaio da cui il nome di "multivariato" per il sistema descritto in questo modo. I sistemi multivariati possono essere studiati solo con l'utilizzo dell'analisi statistica multivariata di dati. Nel caso, invece, in cui il sistema sia descritto da una sola variabile, si usa il termine "monovariato" e gli strumenti di analisi sono forniti dalla statistica classica. Ciascuna colonna della tabella di dati rappresenta il responso per le diverse osservazioni di una particolare variabile. Le variabili descrittive possono essere misurate per via sperimentale oppure ottenute mediante opportune strategie di calcolo. Una struttura così fatta è detta a due modi: un modo per le osservazioni e l'altro per le variabili. L'elemento della tabella di dati corrispondente alla determinazione della variabile j per l'osservazione i sarà individuato, infatti, da una coppia di indici ij e sarà indicato con X_{ij}. Tale struttura dati corrisponde a un oggetto matematico tipico dell'algebra lineare che si chiama matrice. È infatti l'algebra lineare l'ambito matematico in cui si collocano le tecniche di analisi che saranno descritte nei paragrafi che seguono. Di solito le tabelle di dati che si incontrano in ambito biomedico hanno un numero di colonne molto più grande del numero di righe, possono avere elementi mancanti in quanto alcune variabili possono non essere note per alcune osservazioni, contenere rumore e avere colonne fra loro correlate.

I metodi proiettivi

Le tecniche più frequentemente utilizzate nell'ambito dell'analisi statistica multivariata di dati si basano sull'applicazione di metodi di proiezione e pertanto vengono dette tecniche proiettive. Le idee che hanno guidato la loro costruzione e che ne spiegano anche il nome saranno descritte successivamente, all'inizio del paragrafo intitolato "Proiezione e tabelle di dati". Le maggiori differenze esistenti fra le diverse tecniche proiettive risiedono nella diversa strategia con la quale la proiezione è realizzata. Di seguito sono elencate e brevemente descritte facendo riferimento al tipo di struttura dati alle quali si applicano e all'obiettivo dell'analisi alcune delle principali tecniche usate nel settore biomedico.

- Analisi delle Componenti Principali (*Principal Component Analysis* o PCA). Si applica a singole tabelle di dati allo scopo di individuare particolari strutture quali raggruppamenti, anomalie o tendenze esistenti fra le osservazioni e le relazioni di correlazione presenti fra le variabili misurate.
- Analisi dei Fattori (*Factor Analysis* o FA).

Si applica a singole tabelle di dati e ha l'obiettivo di creare modelli per le osservazioni che si basano sulla ricerca di fattori non direttamente misurati capaci di spiegare l'informazione contenuta nei dati.

- Analisi delle Corrispondenze (*Correspondence Analysis* o CA).
  Si applica a singole tabelle di contingenza al fine di mettere in evidenza le relazioni esistenti fra le righe e le colonne della tabella.
- Analisi della Correlazione Canonica (*Canonical Correlation Analysis* o CCA).
  Si applica a coppie di tabelle di dati al fine di estrarre l'informazione comune utile per mettere in relazione le variabili descrittive della prima tabella con quelle usate nella seconda in termini di correlazione.
- Regressione per mezzo della Proiezione nello Spazio Latente (*Projections to Latent Structures by Partial Least Squares* o PLS).
  Si applica a coppie di tabelle di dati in cui la tabella contenente le risposte è assunta dipendere dall'altra che contiene i fattori; l'obiettivo è quello di ottenere un modello di regressione capace di predire una serie di risposte noti i fattori.
- Proiezione Ortogonale nello Spazio Latente (*Orthogonal-Bidirectional Projections to Latent Structures* o O2PLS).
  Si applica a coppie di tabelle di dati al fine di estrarne l'informazione comune e quella unica caratteristica di ciascuna struttura di dati. La tecnica permette di risolvere il problema dell'integrazione dei dati.
- Analisi Discriminante (*Discriminant Analysis* o DA).
  Si applica a singole tabelle di dati per le quali è nota la classe di appartenenza delle diverse osservazioni; l'obiettivo è quello di costruire modelli, detti classificatori, capaci di attribuire la classe a nuove osservazioni. Molto spesso i modelli discriminanti vengono usati a scopo interpretativo al fine di caratterizzare in modo preciso ciascuna classe rispetto alle altre.
- *Parallel Factor Analysis* (PARAFAC).
  Si applica a strutture di dati caratterizzate da tre modi e non più da due come per le tabelle di dati. In questo tipo di struttura, ciascuna osservazione è descritta mediante una tabella e le diverse osservazioni producono pertanto una struttura di tipo cubico. Un esempio è il caso di osservazioni in cui un campione è analizzato nel tempo e descritto in modo multivariato a ciascun tempo tramite spettroscopia di massa o risonanza magnetica. L'obiettivo dell'analisi è quello di evidenziare la presenza di raggruppamenti, andamenti particolari nella serie di osservazioni o caratterizzare queste in termini delle variabili misurate.

Nel seguito di questo capitolo saranno introdotte e discusse le tecniche PCA e PLS, mentre l'analisi discriminante sarà limitata alla presentazione della tecnica SIMCA e PLS-DA. Si lascia al lettore l'approfondimento delle altre tecniche proiettive consultando le pubblicazioni citate nella sezione dedicata alle letture consigliate a fine capitolo.

Principali classi di problemi che possono essere affrontati con i metodi proiettivi

Le tecniche di analisi statistica multivariata basate sul metodo della proiezione possono essere usate per affrontare diverse tipologie di problemi. In generale, è possibile identificare quattro classi principali di problemi che saranno descritte nel seguito di questo paragrafo.

• Studio delle proprietà caratteristiche di una tabella di dati (noto come *pattern recognition*).

Un primo obiettivo dell'analisi potrebbe essere quello di valutare quale tipo di informazione è contenuta nella tabella contenente i dati sperimentali. Questo tipo di problema prevede lo studio delle proprietà strutturali dell'insieme dei dati in relazione alle osservazioni e alle variabili misurate. La tabella di dati può contenere diversi tipi di informazione quale ad esempio quella utile per distinguere la similarità fra i campioni, mettere in evidenza particolari andamenti nelle osservazioni o caratterizzare le variabili misurate rispetto al rumore o le osservazioni rispetto alle variabili misurate. Le tecniche più usate per affrontare questo tipo di problema sono la PCA o la FA. Quando si stanno studiando ad esempio campioni di plasma appartenenti a due tipologie diverse di persone, malato e sano, ci si può chiedere se la descrizione dei campioni ottenuta per via sperimentale sia adatta per distinguere le due classi di campioni. Un modello PCA potrebbe mettere in luce due raggruppamenti ben distinti di campioni se la descrizione ottenuta è ben fatta. Se lo studio, invece, prevede l'analisi di campioni a tempi diversi, come ad esempio nel caso dell'osservazione delle variazioni del contenuto metabolico nel tempo di urine di topi a cui è stato somministrato un certo farmaco, la tabella di dati potrebbe contenere informazioni utili per individuare particolari andamenti tipici delle misure a tempi diversi. Un modello PCA potrebbe presentare in modo chiaro le caratteristiche di questi andamenti.

• Problemi di classificazione.

Molto spesso ci si trova di fronte a una tabella di dati in cui le osservazioni appartengono a diverse tipologie di campioni raggruppabili in classi e l'obiettivo dell'analisi è capire in che modo l'informazione sperimentale può essere usata per studiare le differenze fra le diverse classi oppure costruire strumenti capaci di attribuire la classe a nuove osservazioni. Questi due tipi di problemi fanno parte dei problemi di classificazione che possono essere affrontati ad esempio con le tecniche SIMCA o PLS-DA. Un'altra tecnica molto importante e usata in ambito delle *omics sciences* è la O2PLS-DA. Quando si vogliono caratterizzare le bacche di una certa pianta nei diversi stadi di sviluppo ricercandone i marcatori biologici, ad esempio, la PLS-DA oppure la O2PLS-DA sono tecniche che si sono dimostrate molto potenti. Se l'obiettivo è quello di costruire classificatori robusti da usare per il controllo della produzione in impianti biotecnologici, invece, l'approccio SIMCA oppure la semplice PCA possono essere sufficienti se la descrizione del processo è stata opportunamente scelta.

- Problemi di regressione.
  Una volta registrate due tabelle di dati ci si può chiedere quale tipo di relazione esista fra di loro. La regressione permette di rispondere a questa domanda una volta stabilito quale sia l'insieme di dati che determina l'altro. La regressione, infatti, è monodirezionale, cioè mette in relazione un insieme di dati, quello dei fattori, con un altro, quello delle risposte, cercando di definire relazioni di causa-effetto fra fattore e risposta. La principale tecnica multivariata capace di affrontare questo tipo di problema è la PLS. Di solito il modello di regressione scelto è lineare anche se, in linea di principio, potrebbe essere di ordine superiore. Modelli di regressione che fanno uso di termini di ordine due o superiore sono di solito calcolati limitatamente a problemi a una risposta con al massimo 4-5 fattori, dove è stata utilizzata una tecnica adatta di *design of experiments* per la pianificazione dell'esperimento. Alcuni esempi di problemi di regressione saranno descritti in dettaglio nel Capitolo 3 dove verranno presentati i modelli QSAR e QSPR.
- Integrazione di tabelle di dati (noto come *data integration*).
  Il problema dell'integrazione dei dati ha trovato una soddisfacente soluzione solo in tempi recenti grazie alla tecnica O2PLS sviluppata da J. Trygg e S. Wold attorno al 2002. La tecnica CCA rimane comunque un utile strumento nel caso di tabelle di dati caratterizzate da scarsa correlazione fra le variabili. Lo scopo dell'integrazione di tabelle di dati, che avviene di solito per coppie di tabelle, è quello di evidenziare l'informazione comune fra loro. Uno stesso sistema può, infatti, essere descritto utilizzando tecniche sperimentali diverse e ci si può chiedere quale sia l'informazione comune alle diverse rappresentazioni ottenute o quale relazione esista fra le variabili misurate con i diversi apparati sperimentali. Ad esempio, nel campo della *systems biology*, le due rappresentazioni potrebbero essere quelle ottenute riferendosi al trascrittoma e al metaboloma di una stessa linea cellulare. Integrare i dati significa trovare le relazioni esistenti fra trascritti e metaboliti al fine di evidenziare e caratterizzare particolari processi biologici tipici della linea cellulare in studio. Nel caso, invece, di due diverse tecniche analitiche quali ad esempio HNMR e LC-MS, usate per descrivere gli stessi campioni biologici, l'integrazione dei dati può portare a stabilire quale delle due tecniche sia la più informativa per l'insieme di campioni in esame.

La maggior parte degli studi in ambito biomedico può essere fatta ricadere all'interno delle quattro classi appena presentate. Definire in modo preciso fin dall'inizio dello studio quale sia la sua finalità e scegliere di conseguenza lo strumento di analisi dei dati più adatto è alla base di ogni corretta pianificazione sperimentale. La pianificazione dell'esperimento, infatti, determina la struttura dei dati ottenuti che devono poi essere sottoposti all'analisi statistica. Ogni tecnica di analisi statistica presenta efficienza diversa a seconda delle caratteristiche della struttura dei dati e per avere la massima informazione dallo studio è necessario operare in condizioni ottimali per la tecnica di analisi scelta. Se ad esempio si deve affrontare un problema di classificazione, non è pensabile affrontare lo studio caratterizzando una classe con un solo campione; oppure, se il problema è di regressione, non si possono avere campioni distribuiti in modo non omogeneo sulla scala della risposta.

Correlazione e causalità

Nella maggior parte dei problemi affrontati con le tecniche proiettive, i modelli interpretativi ottenuti sono fortemente influenzati dalla struttura di correlazione sottostante i dati. Sia che si tratti di un problema di *pattern recognition*, di un più complesso problema di regressione o di classificazione, il ruolo giocato da una variabile nel modello è in stretta relazione con la sua correlazione rispetto alle altre variabili e l'interpretazione del modello viene spesso fatta in termini di correlazione. È importante sottolineare fin da subito che la correlazione fra due variabili non implica necessariamente un rapporto di causalità fra di loro. Questo deve essere sempre tenuto presente al fine di ottenere una corretta interpretazione dei modelli. Per chiarire questo importante concetto è utile considerare il seguente esempio: negli anni fra il 1930 e il 1936 sono state misurate nella città tedesca di Oldenburg il numero di abitanti e il numero di cicogne che vi hanno nidificato. Rappresentando nello stesso grafico il numero di abitanti contro il numero di cicogne (Figura 2.1) si osserva una dipendenza lineare che supporta un modello statistico di regressione sufficientemente robusto.

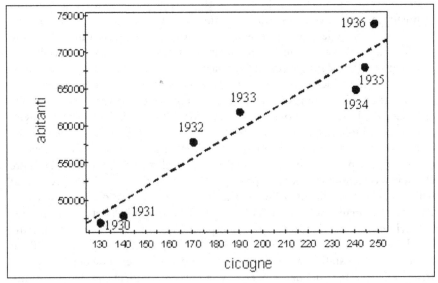

Fig. 2.1. In grafico è riportato il numero di abitanti contro il numero di cicogne presenti nella città di Oldenburg negli anni compresi fra il 1930 e il 1936. Con linea tratteggiata è rappresentata la retta di regressione ($r^2 = 0,92$, F = 58 contro un F critico di 6,6)

In sostanza, sembra che il numero di cicogne influenzi il numero di abitanti. In particolare, al crescere del numero di cicogne aumenta anche il numero di abitanti. Vi è pertanto una forte correlazione fra le due grandezze, ma non si può certamente affermare che le cicogne facciano aumentare il numero di abitanti. Non vi è, infatti, nessuna relazione credibile di causa-effetto fra le due grandezze. La responsabile della dipendenza osservata e della vera relazione causa-effetto sottostante i dati è rappresentata da una terza variabile non misurata, il numero di camini caldi. Infatti, la popolazione aumenta come risultato di nuovi nati. Dove è presente un nuovo nato di solito la temperatura della abitazione è più elevata e quindi, anche i camini dove le cicogne fanno il nido sono più caldi. Dove vi sono nuovi nati vi sono pertanto anche condizioni più favorevoli per la nidificazione delle cicogne. Questa è la vera causa che produce l'andamento osservato.

Molto spesso sono proprio variabili non misurate le vere responsabili del fenomeno in studio. L'analisi statistica può solo mettere in luce relazioni fra le variabili misurate. Ecco perché non basta solo la robustezza statistica del modello di analisi a supportare una certa interpretazione del fenomeno, ma è necessaria anche una legittimazione da un punto di vista fisico. Uno studio di tipo statistico deve sempre essere accompagnato da un'interpretazione fisica per potersi ritenere valido.

Proiezione e tabelle di dati

È possibile avere un'idea qualitativa di ciò che vuol dire proiezione e dei suoi effetti considerando il seguente semplice esempio. Immaginiamo di collocare in una stanza buia vicino a una parete piana un oggetto cilindrico e di usare una torcia elettrica che punta in direzione perpendicolare alla parete per illuminare l'oggetto. Il cilindro apparirà sulla parete come un'ombra scura di forma diversa a seconda della sua orientazione rispetto al fascio di luce. In particolare, ponendo l'oggetto con il suo asse lungo perpendicolarmente al fascio si otterrà un'ombra di forma rettangolare mentre, se tale asse è disposto parallelamente al fascio, esso apparirà come un cerchio (Figura 2.2). Il cilindro sarà cioè proiettato sulla parete in modo diverso a seconda dell'orientazione del suo asse lungo rispetto alla direzione del fascio di luce.

Ogni proiezione sulla parete può essere definita sulla base della orientazione relativa del fascio di luce e dell'asse lungo del cilindro. È facile rendersi conto che le proiezioni più significative per studiare la forma dell'oggetto cilindrico in esame saranno proprio le due prese ora in considerazione: il cilindro ha infatti una simmetria di rotazione attorno all'asse lungo essendo ottenuto ruotando un rettangolo attorno a tale asse. Bastano cioè due proiezioni sul piano per avere un'informazione completa relativamente alle proprietà della forma del cilindro.

Da un punto di vista algebrico, la proiezione ortogonale di un punto su di una retta è definita una volta nota la direzione della retta e un'operazione di prodotto scalare. La rappresentazione geometrica di proiezione ortogonale di

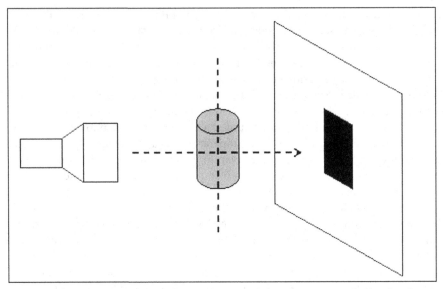

Fig. 2.2. Proiezione di un oggetto cilindrico su di una parete mediante una torcia elettrica. Quando l'asse lungo del cilindro è perpendicolare al fascio luminoso della torcia l'ombra sulla parete ha la forma di un rettangolo

un punto su di una retta è fornita in Figura 2.3.

È importante notare come a seconda della direzione della retta cambi l'entità della proiezione del punto. L'intensità della proiezione, detta *score*, è una combinazione lineare delle coordinate del punto. I coefficienti in questa combinazione, detti pesi, dipendono solo dalla direzione della retta. Fissata la retta r, il punto P_i proiezione del punto P è esprimibile come:

$$P_i = t \, p^t$$

cioè, il punto proiettato sulla retta è il prodotto dello *score* t per una opportuna riga p^t che dipende dalla direzione della retta di proiezione.

La tecnica di proiezione diviene molto utile quando è applicata per modificare la rappresentazione di una tabella di dati. Ogni riga di una tabella di dati rappresenta un'osservazione descritta sulla base delle variabili scelte.

Se si considera uno spazio in cui le variabili descrittive sono fatte corrispondere agli assi cartesiani, ogni osservazione contenuta nella tabella può essere fatta corrispondere a un punto nello spazio. La tabella viene quindi a essere rappresentata come una nuvola di punti nello spazio delle variabili (Figura 2.4).

Per quanto appena discusso, la nuvola di punti può essere proiettata lungo una qualche direzione utile e la tabella di dati può essere rappresentata in uno spazio di dimensione ridotta. Poiché ogni osservazione X_i, rappresentata da un punto nello spazio, viene proiettata lungo la stessa retta r e può essere espressa come il prodotto di una riga p^t per lo *score* t_i, un'intera tabella di dati X può

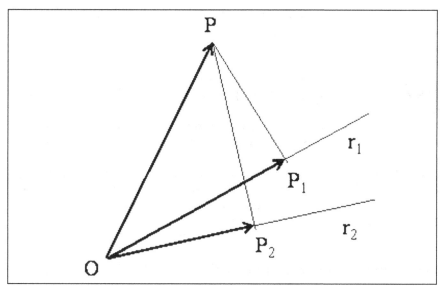

Fig. 2.3. Proiezione del punto P sulle rette r_1 e r_2: la proiezione dipende dalla orientazione della retta nello spazio. P_1 e P_2 sono le proiezioni mentre O è l'origine del sistema di riferimento

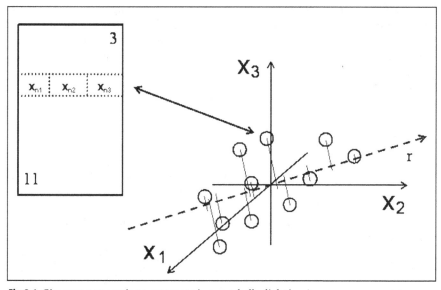

Fig. 2.4. Ciascuna osservazione contenuta in una tabella di dati può essere rappresentata come un punto nello spazio delle variabili. In questo caso, la tabella contiene 11 osservazioni descritte da 3 variabili ciascuna. Gli 11 punti rappresentativi delle osservazioni possono essere proiettati sulla retta r al fine di rappresentare la tabella di dati nello spazio a dimensione 1 degli *score*

essere rappresentata come il prodotto della colonna t che ha per elementi gli *score* di ogni singola osservazione e la riga p^t, in simboli:

$$\hat{X} = t\,p^t$$

dove $\hat{X}$ indica la tabella ottenuta per proiezione della tabella di dati X lungo la retta r.

Il problema diventa pertanto quello di trovare una o più direzioni interessanti per fare questo. Vi saranno, infatti, direzioni che sono più informative di altre al fine di caratterizzare la struttura della nuvola di punti proprio come nel caso del cilindro proiettato sulla parete. Le diverse tecniche proiettive che saranno successivamente descritte differiscono proprio per la strategia usata nella definizione delle direzioni utili per lo studio della nuvola rappresentativa della tabella di dati nello spazio delle variabili.

Modello e decomposizione della tabella di dati

La tabella $\hat{X}$ ottenuta mediante proiezione della tabella di dati X lungo una particolare retta nello spazio delle variabili descrittive viene detta modello di X. Essa, infatti, è solo una rappresentazione parziale della tabella di dati corrispondente alla descrizione ottenuta guardando la tabella secondo una particolare direzione e non è la tabella completa. La parte di tabella di dati non descritta dal modello può a sua volta essere proiettata lungo una nuova retta nello spazio delle variabili al fine di ottenere un modello anche per questa parte di informazione. È possibile procedere iterativamente in questo modo al fine di ottenere modelli di X, che usano via via sempre più informazione della struttura dati. In generale, un modello multivariato per la tabella di dati X che usa A proiezioni ha la forma:

$$\hat{X} = \sum_{i=1}^{A} t_i p^{t_i}$$

dove t_i sono gli *score* delle osservazioni per la proiezione i mentre le righe p^{t_i} contengono elementi, detti *loading*, che dipendono dalla direzione della retta che supporta la proiezione i nello spazio delle variabili. Raggruppando le colonne t_i e le righe p^{t_i} rispettivamente nelle strutture a matrice T e P^t si ottiene l'espressione seguente:

$$\hat{X} = TP^t$$

equivalente alla precedente, ma più compatta. Nelle espressioni precedenti, l'operazione di prodotto va intesa come prodotto matriciale. La tabella di dati è quindi rappresentata mediante un modello bilineare formato dal prodotto della matrice degli *score* e di quella dei *loading*. La parte della tabella di dati che non è descritta dal modello prende il nome di residuo E. Come risultato della applicazione delle *A* proiezioni successive, quindi, la tabella di dati risulta decomposta nella somma di due tabelle:

$$X = \hat{X} + E$$

in cui il modello multivariato è $\hat{X} = TP^t$ mentre il residuo rappresenta la parte di informazione non spiegata dal modello. Sia per PCA che per PLS e PLS-DA si ottengono decomposizioni aventi tutte questa struttura che differiscono, però, per la strategia di proiezione e, quindi, per il valore degli *score* e dei *loading*.

La statistica si applica poi solo in un secondo tempo alla decomposizione ottenuta. In particolare, l'analisi della tabella dei residui e della matrice degli *score* permette di costruire parametri utili per effettuare importanti test statistici quali quello per evidenziare i forti o i moderati *outlier*.

Lo spazio nel quale viene proiettata la tabella di dati e che permette di costruire il modello si dice anche spazio latente e gli *score* del modello rappresentano la descrizione delle osservazioni in tale spazio. Le direzioni di proiezione corrispondono a quelle che vengono dette variabili latenti che, quindi, risultano dalla combinazione delle variabili descrittive. L'utilità dell'uso del concetto di variabile latente e di spazio latente risiede nel fatto che i modelli multivariati possono essere interpretati come se queste variabili, e non più quelle della descrizione originale, fossero le responsabili degli effetti osservati. È facile, in questo modo, risolvere problemi in cui sono coinvolte centinaia di variabili descrittive utilizzando solo poche, di solito due o tre, variabili latenti. Molto spesso, ma non sempre, le variabili latenti sono determinate principalmente da poche variabili descrittive e possono essere interpretate in termini di grandezze fisiche osservabili.

Vantaggi nell'uso dei metodi proiettivi

L'uso dei metodi proiettivi rispetto a altre tecniche di analisi statistica multivariata di dati offre principalmente due tipi di vantaggi: chiara interpretazione dei modelli ed elevata capacità predittiva. Il linguaggio basato sulle variabili latenti rende molto facile la spiegazione dei modelli e si presta molto bene all'uso di rappresentazioni grafiche per mostrare i risultati dell'analisi. In modo molto efficace, infatti, possono essere rappresentate complesse relazioni fra i dati utilizzando grafici in due dimensioni e i meccanismi di azione che coinvolgono ristretti gruppi di variabili possono essere messi in luce e indagati. La possibilità di modificare il numero delle direzioni di proiezione permette di ricercare modelli che massimizzano il loro potere predittivo. Nonostante la semplicità dei modelli ottenuti, la capacità di predire correttamente il comportamento di nuove osservazioni è molto spesso della stessa entità o superiore di quella di tecniche multivariate molto più complesse.

Tecniche *unsupervised* e *supervised*

Esistono due principali classi di tecniche nell'analisi statistica multivariata: quelle *unsupervised* e quelle *supervised*. Le prime, come ad esempio la PCA, forniscono una visione oggettiva dell'informazione contenuta in una tabella di dati senza ricorrere a informazioni esterne note per la struttura dati. Le seconde, invece, fanno uso di informazioni note a priori per guidare l'analisi. Un esempio di queste tecniche è la PLS-DA che fa uso dell'informazione sulle classi per l'analisi della tabella di dati. Solitamente, quando la descrizione del sistema è ben scelta, le tecniche *unsupervised* possono già essere sufficienti per garantire modelli capaci di risolvere il problema in esame e sono preferibili, pertanto, alle tecniche *supervised*. Tuttavia, quando i problemi sono molto complessi, come ad esempio quelli nell'ambito delle *omics sciences*, la descrizione dei campioni non si comporta in modo così efficiente e le tecniche *supervised* sono le sole a poter essere applicate.

Scaling e centratura delle variabili

I metodi proiettivi si applicano a tabelle di dati che contengono valori numerici e il risultato dell'analisi dipende dalla grandezza assoluta di tali valori numerici. In altre parole, i modelli costruiti sono sempre dipendenti dalla modalità con la quale le variabili descrittive sono espresse. La conseguenza di questo fatto è che se si cambia l'unità di misura con la quale sono espresse le variabili, anche il modello potrebbe subire dei cambiamenti. In termini più precisi si dice che le tecniche proiettive dipendono dallo *scaling* e dalla modalità di centratura delle variabili descrittive.

Un esempio molto semplice può aiutare a capire meglio questo concetto. Immaginiamo di misurare l'altezza e il peso dei componenti di un certo gruppo di 6 pazienti. La tabella di dati ottenuta esprimendo le altezze in metri e il peso in chilogrammi è la seguente (Tabella 2.1)

Se si rappresenta la Tabella 2.1 utilizzando un grafico peso contro altezza si può notare come l'informazione contenuta in essa appaia diversa a seconda della scala usata per visualizzare l'asse delle altezze (Figura 2.5): usando una scala piuttosto ristretta, il paziente 4 appare scostarsi in modo evidente dalla tendenza generale relativa alla dipendenza fra peso e altezza presentata dagli altri pazienti, mentre una scala più allargata non evidenzia questo comportamento. A seconda della scala usata per visualizzare l'altezza, il paziente 4 risulta in sovrappeso oppure no.

Lo *scaling* e la centratura danno luogo a una trasformazione lineare delle variabili che può essere espressa in generale come:

$$\tilde{X}_{ij} = \frac{X_{ij} - a_j}{b_j}$$

Tabella 2.1. Altezza in metri e peso in chilogrammi di un gruppo di 6 pazienti

	1	2	3	4	5	6
Altezza	1,80	1,64	1,92	1,78	1,74	1,85
Peso	84	70	93	99	79	84

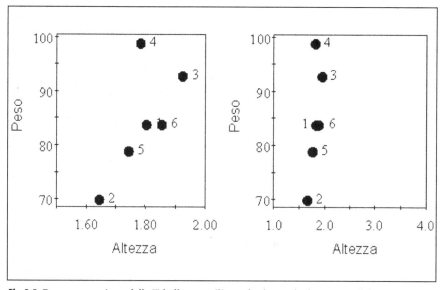

Fig. 2.5. Rappresentazione della Tabella 2.1 utilizzando due scale diverse per l'altezza

dove $\tilde{X}$ è la tabella di dati ottenuta dalla tabella X dopo l'applicazione dello *scaling* e della centratura, a_j è il parametro di centratura mentre b_j il fattore di *scaling*. I valori comunemente usati per a_j sono i seguenti:

$a_j = 0$ nessuna centratura;

$a_j = m_j$ centratura sul valore medio o di tipo *centering*;

dove m_j indica il valore medio della variabile descrittiva j, mentre per b_j di solito si utilizzano i seguenti valori:

$b_j = 1$ nessuno *scaling*;

$b_j = \sqrt{s_j}$ *scaling* di tipo Pareto;

$b_j = s_j$ *scaling* di tipo *Unit Variance*;

anche se in linea di principio nulla vieta di sceglierne altri. Con s_j è stata indicata la deviazione standard della variabile j. La combinazione dello *scaling* di tipo *Unit Variance* e della centratura di tipo *centering* prende il nome di *autoscaling*. L'effetto della centratura sul valore medio è quello di produrre nuove variabili che hanno media nulla, mentre lo *scaling* di tipo Pareto e di tipo *Unit Variance* producono nuove variabili che hanno rispettivamente deviazione standard pari alla radice quadrata di quella in origine e varianza uguale a uno. La scelta dell'adatto fattore di *scaling* e del parametro di centratura è dettato da finalità pratiche quando non sono noti a priori motivi per escludere alcune scelte. Se, ad esempio, è noto che tra le variabili descrittive vi sono anche variabili molto rumorose, è rischioso utilizzare uno *scaling* di tipo *Unit Variance* per tutta la tabella di dati, poichè riportare tutte le variabili alla stessa varianza amplificherebbe l'effetto del rumore sul modello. Solitamente, infatti, il rumore ha una variabilità molto piccola in termini assoluti, ma lo *scaling Unit Variance* la renderebbe paragonabile a quella delle altre variabili significative con il rischio che il rumore venga utilizzato per la costruzione del modello. Ecco perché nel caso di spettri NMR o di profili cromatografici usati senza alcuna scelta a priori delle variabili utili per descrivere i campioni come avviene nella *untarget metabolomics* non si applica *scaling* oppure si utilizza lo *scaling* di tipo Pareto, mentre è rischioso usare *Unit Variance*. Invece, nel caso in cui sia nota a priori l'assenza di variabili descrittive, che sono puramente rumore, è possibile utilizzare qualsiasi tipo di *scaling* e solo le caratteristiche del modello ottenuto permetteranno di sceglierne uno piuttosto che un altro. Data la dipendenza del modello ottenuto dallo *scaling* e dalla centratura è sempre richiesto giustificare la scelta fatta in termini delle caratteristiche dell'informazione contenuta nelle tabelle di dati.

Analisi delle componenti principali (PCA)

La PCA può essere considerata la madre di tutti i metodi proiettivi. Infatti, altre tecniche di questo tipo, come ad esempio l'analisi dei fattori o la PLS, prevedono al loro interno in modo completo o solo in parte l'impiego della ricerca delle componenti principali. Inoltre, le idee di base che hanno portato alla sua costruzione sono utili per capire la metodologia sottostante a tecniche più complesse, come la O2PLS.

Quando utilizzare la PCA

L'analisi delle componenti principali è di solito la fase preliminare che precede ogni tipo di analisi o addirittura può rappresentare l'analisi stessa. È una tecnica molto potente e flessibile. Quando la descrizione del sistema in studio è ben fatta, è preferibile utilizzare questa tecnica *unsupervised* piuttosto che tecniche più complesse, anche a costo di perdere un po' nella potenza esplicativa del modello. Quando la PCA è sufficiente per estrarre e chiarire il contenuto informativo di una tabella di dati, infatti, significa che si sta affrontando un problema descritto in modo solido, la cui spiegazione può difficilmente essere contestata. Gli obiettivi che si possono raggiungere con la sua applicazione sono riassunti di seguito:
- ricerca di *outlier*;

- identificazione di tendenze caratteristiche nelle osservazioni;
- evidenza di raggruppamenti fra le osservazioni;
- valutazione della struttura di correlazione delle variabili descrittive;
- identificazione delle variabili dominanti per le diverse osservazioni;
- riduzione della dimensione dello spazio usato per descrivere il sistema.

La PCA permette, infatti, di rappresentare, utilizzando uno spazio di dimensione ridotta, sia le osservazioni che le variabili, mettendo in evidenza le relazioni di similarità fra di esse e le relazioni fra osservazioni e variabili. Per questa sua caratteristica risulta essere anche la capostipite dei metodi cosiddetti di *MultiDimensional Scaling* (MDS).

Note tecniche

La tabella di dati viene proiettata lungo le direzioni che permettono di ottenere *score* che producono la massima varianza possibile. In altri termini, la tabella è osservata lungo quelle direzioni che mettono in evidenza la massima variazione dei suoi elementi. Queste direzioni sono ottenute mediante diagonalizzazione della tabella di dati (*singular value decomposition*).

Ogni osservazione è proiettata in uno spazio latente di solito descritto da 2 o 3 variabili latenti. Nel contesto della PCA, le variabili latenti sono chiamate componenti principali. Quando la struttura dei dati contiene poco rumore, bastano poche componenti principali per rappresentare la maggior parte della variazione delle variabili descrittive. Nel linguaggio dei metodi proiettivi, variazione e quantità di informazione sono sinonimi nel senso che l'informazione è contenuta nella variazione delle variabili e solo se c'è variazione esiste informazione. In altre parole, bastano 2 o 3 componenti principali per rappresentare la maggior parte della informazione contenuta nella tabella di dati.

La decomposizione della tabella X ottenuta mediante PCA ha la seguente forma:

$$X = TP^t + E$$

La matrice degli *score* T permette di rappresentare le osservazioni nello spazio delle componenti principali mentre la matrice dei *loading* P contiene informazioni sulle relazioni di correlazione fra le variabili. Come sarà visto nel prossimo paragrafo, la bilinearità del modello permetterà di mettere in relazione osservazioni con variabili. È utile sottolineare che il modello PCA è l'insieme delle informazioni contenute negli *score* e nei *loading* e non nei singoli *score* e nei singoli *loading*.

La Tabella dei residui E e la matrice degli *score* risultano utili per introdurre la statistica utile per evidenziare gli *outlier*. Tale statistica si basa su due parametri, detti DModX e T2, che caratterizzano ogni singola osservazione. Il primo è ottenuto combinando fra loro i residui mentre il secondo utilizza gli *score*. DModX segue approssimativamente una distribuzione di tipo F mentre

T2 è propriamente descritto da una F-distribuzione. Conoscendo questi due parametri per ogni osservazione è possibile pertanto effettuare test per verificare la presenza di *outlier*, cioè di osservazioni anomale che differiscono dalla distribuzione delle altre. Il test su T2, detto test T2 di Hotelling, mette in evidenza i forti *outlier* mentre il test su DModX evidenzia i moderati *outlier*. Forte *outlier* significa che l'osservazione è diversa dalle altre in relazione al modello: l'osservazione contribuisce alla spiegazione dell'informazione contenuta nella tabella di dati comportandosi in modo molto diverso dalle altre. Per i moderati *outlier*, invece, la differenza nel comportamento si verifica nei residui e non è osservabile a livello del modello. Quindi, un moderato *outlier* influisce meno di un forte *outlier* nell'interpretazione dell'informazione contenuta nella tabella di dati. È rischioso prendere in considerazione modelli ottenuti mediante PCA che contengono forti *outlier*. I parametri DModX e T2 possono essere combinati fra loro per dare un terzo tipo di parametro, detto DModX+, che si distribuisce approssimativamente secondo una F-distribuzione e che risulta utile per identificare *outlier* senza fare distinzione fra forti e moderati *outlier*.

Il numero di componenti principali del modello può essere scelto in diversi modi. I due più utilizzati sono basati uno sull'analisi dello spettro degli autovalori della matrice di covarianza ottenuta a partire dalla tabella di dati e l'altro sulla tecnica di cross-validazione che permette di ottenere modelli con il massimo potere predittivo. In alcuni casi, tuttavia, quando lo scopo dell'analisi è solo quello di ottenere una rappresentazione semplificata del sistema in esame, si utilizza un numero di componenti principali sufficiente a spiegare la frazione voluta della variabilità totale delle variabili descrittive, di solito 80-90%. Tale frazione viene espressa mediante il parametro detto R^2 che può assumere valori compresi fra 0 e 1.

Interpretazione dei modelli mediante grafici

Uno dei vantaggi dell'uso dei metodi proiettivi è quello di poter interpretare i modelli ottenuti mediante opportuni grafici. Di seguito saranno descritti i due grafici più importanti che permettono di analizzare i modelli PCA: lo *score scatter plot* e il *loading scatter plot*.

Per rendere più semplice ed efficace la discussione si prenderà come esempio l'analisi mediante PCA della Tabella di dati 2.2 che contiene 8 osservazioni descritte ciascuna mediante 6 variabili. È stato utilizzato *autoscaling* in quanto si è ritenuto che tutte le variabili possano avere a priori la stessa importanza.

Il modello PCA ottenuto ha presentato 2 componenti principali e $R^2 = 0,77$, cioè 2 componenti principali sono risultate sufficienti per spiegare il 77% dell'informazione contenuta nella Tabella di dati 2.2. Non sono stati rilevati né forti né moderati *outlier* come appare dal grafico T2/DModX di Figura 2.6.

Ciascuna osservazione è descritta nel modello da due *score*, detti t_1 e t_2, mentre ciascuna variabile è associata a due *loading*, detti p_1 e p_2. È possibile perciò rappresentare le osservazioni in un grafico che ha per assi i due *score*,

Tabella 2.2. Tabella di dati utilizzata per la costruzione del modello PCA

	A	B	C	D	E	F
1	49	19	21	75	22	85
2	10	3	2	71	80	24
3	38	23	12	76	29	80
4	26	1	3	51	89	78
5	31	1	11	42	51	72
6	13	43	45	78	9	32
7	17	17	42	72	11	91
8	12	10	12	57	15	94

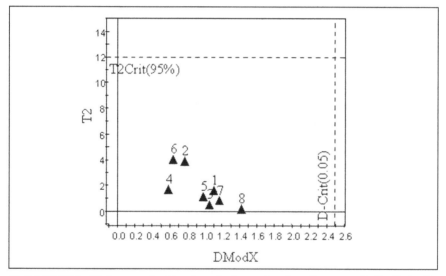

Fig. 2.6. T2/DModX *plot*: non si evidenziano forti o moderati *outlier* con un livello di significatività del 95%. In linea tratteggiata sono indicati i valori critici per T2 e DModX. I forti *outlier* avrebbero T2 superiore al valore critico T2Crit mentre i moderati *outlier* DModX superiore alla soglia critica D-crit

detto *score scatter plot* (Figura 2.7a), e le variabili descrittive in un grafico dove gli assi sono i due *loading*, detto *loading scatter plot* (Figura 2.7b).

Nel grafico degli *score* ciascuna osservazione è rappresentata da un punto. Più due osservazioni sono rappresentate da punti vicini nel grafico, più risultano simili fra loro secondo il modello. Per esempio, l'osservazione 4 risulta più simile alla 5 rispetto alla 1 o alla 2, mentre la 3 è piuttosto simile alle 1, 7 e 8 e meno alle 6 e 2. Le osservazioni 1, 3, 7 e 8 appaiono, infatti, raggruppate fra loro così come le 4 e 5, mentre le osservazioni 6 e 2 si staccano dalle altre pur

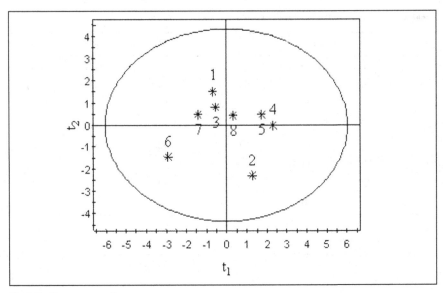

Fig. 2.7a. *Score scatter plot*

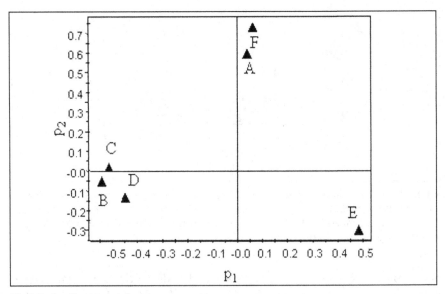

Fig. 2.7b. *Loading scatter plot*

rimanendo all'interno della popolazione e non risultando *outlier*. Lo *score scatter plot* mostra la struttura di similarità fra le osservazioni.

Il grafico dei *loading*, invece, è il risultato delle relazioni di correlazione fra le variabili e della varianza delle singole variabili. Poiché ciascuna variabile

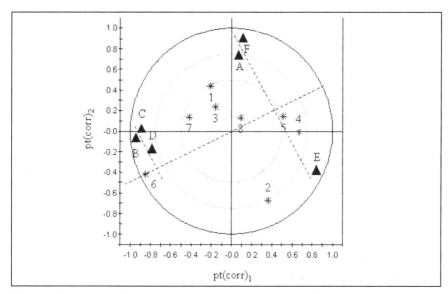

Fig. 2.8. *Biplot*: esempio di costruzione grafica per stimare il ruolo di ciascuna variabile nel caratterizzare l'osservazione di interesse rispetto alla media delle osservazioni

risulta rappresentata da un punto nel grafico, variabili fortemente correlate e con varianza simile (che hanno pertanto lo stesso contenuto informativo) risultano essere rappresentate da punti molto vicini fra loro. Le variabili B, C e D, ad esempio, correlano strettamente fra loro. Variabili che sono inversamente correlate si collocano, invece, in modo simmetrico rispetto all'origine. È il caso delle variabili C e E.

Inoltre, più una variabile ha *loading* elevato per una certa componente del modello, più è forte il suo contributo nel caratterizzare quella componente principale. Per esempio, la variabile E e le variabili B, C e D influenzano la prima componente del modello più di A e di F, avendo in valore assoluto un più elevato *loading,* mentre la seconda componente è caratterizzata principalmente te da A e F. Le variabili che si collocano vicino all'origine del grafico sono pressoché ininfluenti per il modello. Per indagare in modo più preciso la struttura di correlazione fra le variabili è necessario ricorrere al cosiddetto *correlation loading plot* in cui viene rappresentata la correlazione di ciascuna variabile con le componenti principali del modello.

Le informazioni contenute nello *score scatter plot* e nel *loading plot* possono essere riportate nello stesso grafico costruendo il cosiddetto *biplot* (Figura 2.8), che mette in relazione osservazioni e variabili, sfruttando la bilinearità del modello.

Nel *biplot*, infatti, oltre a mantenere le relazioni di similarità fra le osservazioni e le correlazioni fra le variabili descrittive, è possibile valutare per ciascuna osservazione o gruppo di osservazioni quali variabili siano superiori o inferiori rispetto alla media delle osservazioni, quali cioè siano le variabili caratterizzanti. Questo è vero quanto più le variabili considerate si collocano alla periferia del grafico. Per ottenere queste informazioni è necessario procedere con una semplice costruzione geometrica sul grafico. Si voglia analizzare, per esempio, l'informazione che distingue l'osservazione 6 rispetto al comportamento medio di tutte le osservazioni. Per fare questo, si traccia la retta passante per il punto rappresentativo dell'osservazione 6 e l'origine e si proiettano i punti rappresentativi delle variabili su di essa. Più la proiezione ottenuta è grande in modulo, più il valore che la variabile assume per l'osservazione 6 si scosterà dal valore medio di tutte le osservazioni. Se la proiezione è nella direzione del punto 6, lo scostamento sarà positivo, in caso contrario negativo. L'osservazione 6 risulta caratterizzata da valori delle variabili B, C e D superiori alla media e da valori delle variabili A, E e F inferiori alla media. In modo analogo si possono evidenziare le variabili caratteristiche per le altre osservazioni.

Metodo di classificazione SIMCA
(Soft Independent Modeling of Class Analogy)

Questo metodo di classificazione di tipo *supervised* è basato sulla caratterizzazione mediante PCA delle classi di osservazioni di interesse. Il termine *"soft"* è usato per distinguerlo dai metodi di tipo *"hard"* quali ad esempio la PLS-DA ed evidenzia il fatto che un'osservazione può essere attribuita dal modello a più di una classe. Nel caso di metodi *"hard"*, invece, un'osservazione può appartenere a una e una sola classe.

Quando utilizzare la tecnica SIMCA

La tecnica SIMCA è un esempio di tecnica *supervised*. Il modello di classificazione deve essere costruito, infatti, a partire da un insieme di osservazioni di classe nota, detto *training set*, che serve per calcolare i parametri critici utili per la classificazione. Il metodo SIMCA è molto flessibile, ma spesso si dimostra non molto potente, specialmente quando la descrizione del sistema in studio non è ben scelta. Se da un lato permette di identificare le variabili che caratterizzano ciascuna classe, dall'altro non è semplice avere una visione generale del ruolo svolto da tutte le variabili nel realizzare la distinzione fra le classi.

Note tecniche

Il metodo SIMCA prevede la costruzione di un modello PCA per ogni classe in modo indipendente e di usare ciascun modello per la proiezione delle nuove osservazioni. Un'osservazione è attribuita a una particolare classe se non risulta un *outlier* per il modello PCA di quella classe. Questo criterio consente a un'osservazione di essere attribuita a più di una classe. Il parametro DModX+

viene di solito utilizzato per stabilire quando un'osservazione è o meno un *outlier*. L'analisi indipendente di ciascun modello PCA permette di individuare le variabili descrittive che caratterizzano le singole classi.

Interpretazione dei modelli mediante grafici

L'analisi di ogni singolo modello PCA può essere fatta utilizzando i metodi grafici descritti nel paragrafo relativo alla tecnica PCA. Quando le classi in studio sono in numero inferiore a quattro è possibile studiare le proprietà di classificazione del modello SIMCA mediante il cosiddetto *Coomans' plot*.

Per presentare questo grafico e le sue proprietà si farà riferimento a una tabella di dati estratta dal lavoro dal titolo *Monitoring liver alterations during hepatic tumorigenesis by* NMR *profiling and pattern recognition* pubblicato sulla rivista *Metabolomics* (2010, Metabolomics 6:405-416). In questo lavoro, il contenuto metabolico di quattro tipologie diverse di tessuto epatico è stato determinato mediante spettroscopia NMR. Lo spettro 1D-HNMR ottenuto è stato usato come *fingerprint* del tessuto. L'obiettivo era quello di identificare particolari marcatori a livello metabolico capaci di distinguere i diversi campioni di tessuto epatico. Di seguito saranno considerate solo tre tipologie diverse di tessuto: metastatico, tumorale e proveniente da soggetti sani. L'obiettivo sarà meno ambizioso di quello del lavoro di riferimento e consisterà nel valutare la possibilità di costruire modelli di classificazione capaci di distinguere i tre tipi di tessuto basandosi sulla descrizione ottenuta mediante 1D-HNMR (210 variabili) e utilizzando tecniche proiettive quali SIMCA e PLS-DA. Nel lavoro di riferimento è presente anche una quarta tipologia di tessuti, quella di tipo cirrotico.

Per ciascuna delle tre classi di tessuto è stato costruito un modello PCA centrando le variabili sul loro valore medio. Non sono stati evidenziati *outlier* in nessuna classe. In Tabella 2.3 è indicato il numero di campioni usato per costruire il modello, il numero di componenti principali del modello (*A*), la varianza spiegata espressa come valore di R^2 e il valore di soglia critico per DModX+ a un livello di confidenza del 99%.

È possibile costruire il *Coomans' plot* scegliendo due modelli come riferimento e mettendo in uno stesso grafico i relativi DModX+ per ogni singola osservazione. Se si sceglie, per esempio, il modello per i tessuti di tipo metasta-

Tabella 2.3. Caratteristiche dei modelli PCA utilizzati per costruire il modello SIMCA

tipo tessuto	numero campioni	*A*	R^2	DModX+ critico
metastatico	9	2	0,87	1,63
tumorale	17	5	0,93	1,54
sano	11	2	0,87	1,57

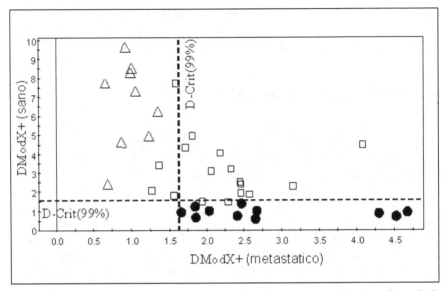

Fig. 2.9. *Coomans' plot*: i triangoli indicano i campioni di tessuto metastatico, i cerchi quelli di tessuto sano, mentre i quadrati i campioni di tessuto tumorale

tico come riferimento per l'asse delle ascisse e quello per i tessuti dei soggetti sani per l'asse delle ordinate, ciascuna osservazione della tabella di dati sarà descritta da una coppia di coordinate [DModX+(metastatico), DModX+(sano)] e sarà rappresentata da un punto nel grafico di Figura 2.9.

Per ottenere il *Coomans' plot* è necessario riportare sul grafico i valori critici per i DModX+ dei due modelli di riferimento: 1,63 per il modello relativo all'asse delle ascisse e 1,57 per quello delle ordinate. Questi due valori di soglia suddividono il grafico in 4 quadranti: quello in alto a sinistra contenente osservazioni con DModX+ superiore al valore di soglia per il modello di riferimento dell'asse delle ordinate, ma inferiore a quello relativo all'asse delle ascisse, quello in alto a destra con osservazioni aventi DModX+ superiore ai valori critici per entrambi i modelli, quello in basso a destra contenente osservazioni con DModX+ superiore alla soglia critica per il modello di riferimento dell'asse delle ascisse, ma inferiore a quello del modello relativo all'asse delle ordinate e quello in basso a sinistra con osservazioni che hanno DModX+ inferiore ai valori critici per entrambi i modelli. Quindi, relativamente all'esempio considerato, nel quadrante in alto a sinistra risiederanno campioni di tessuto metastatico, in quello in alto a destra campioni né di tessuto metastatico né di tessuto di soggetti sani e quindi di tessuto tumorale, nel quadrante in basso a destra campioni di tessuto di soggetti sani mentre in quello in basso a sinistra campioni sia di tipo metastatico che di tipo sano.

Il modello SIMCA ottenuto classifica piuttosto bene i campioni. Tuttavia, quattro campioni di tessuto tumorale sono stati classificati come di tipo metastatico mentre due campioni di tessuto tumorale sono stati classificati come sani.

Quando il numero delle classi è superiore a tre, invece, non vi è un modo efficace per mettere in evidenza in un unico grafico le proprietà di classificazione del modello; bisogna piuttosto ricorrere ai grafici relativi ai singoli modelli PCA. Un esempio di grafico utile è quello relativo al DModX+ calcolato per le diverse osservazioni sulla base del modello PCA di riferimento in cui è indicata la soglia critica di DModX+ al livello di confidenza scelto.

Metodo di regressione PLS
(Projections to Latent Structures by Partial Least Squares)

Quando il sistema in esame è descritto da una tabella di dati e da una o più risposte ci si può chiedere quale sia, se esiste, la relazione fra i due blocchi di variabili. Questi due blocchi vengono di solito indicati con X e Y e indicano rispettivamente i fattori e le risposte. In particolare, possono risultare utili quelle relazioni dirette dal blocco X dei fattori verso il blocco Y delle risposte in quanto interpretabili molto spesso all'interno di un contesto di tipo causa-effetto. Le relazioni più semplici da interpretare sono quelle di tipo lineare e la PLS si propone di trovare relazioni lineari fra due blocchi X e Y, in generale di natura multivariata.

Quando utilizzare la PLS

La tecnica di regressione PLS è la tecnica proiettiva di regressione più usata in ambito multivariato. La sua robustezza in presenza di variabili fortemente correlate e la sua capacità di fornire modelli altamente predittivi utilizzando un numero ridotto di variabili latenti la rende utile per affrontare lo studio di un ampio numero di sistemi. È possibile, infatti, utilizzare modelli relativamente poco complessi per studiare sistemi in cui è presente una forte correlazione fra le variabili descrittive mantenendo un'ottima capacità predittiva.

La PLS può essere applicata sia per lo studio della relazione fra una certa risposta e la tabella di dati rappresentante il sistema in esame che per l'analisi delle relazioni fra due tabelle di dati. In quest'ultimo caso, l'obiettivo è di solito quello di individuare l'effetto che le variabili del blocco dei fattori hanno su ciascuna risposta, considerando contemporaneamente anche le altre. Un certo fattore, infatti, potrà produrre effetti diversi a seconda delle risposte e può pertanto risultare utile conoscere il suo effetto sull'intero blocco delle risposte.

Note tecniche

Il modello di regressione lineare fra la tabella di dati X corrispondente al blocco X e la tabella Y rappresentante il blocco Y può essere espresso in forma matriciale come:

$$Y = XB + F$$

dove **B** è la tabella contenente i coefficienti della regressione mentre **F** la tabella dei residui, cioè la tabella contenente la parte di variabilità di **Y** non spiegata dal modello lineare.

La tecnica di regressione PLS è basata sulla costruzione mediante proiezione della tabella di dati **X** e della tabella **Y** rispettivamente di due *score*, detti anche variabili latenti t e u, che hanno fra loro il massimo prodotto possibile. I pesi usati nella proiezione del blocco **X** vengono di solito indicati con w e determinano in modo univoco le proprietà del modello di regressione. Un altro ingrediente fondamentale è l'ipotesi che t e u siano fra loro linearmente dipendenti. Questa ipotesi deve sempre essere verificata a posteriori. La linearità fra i due *score* produce la relazione di linearità fra i due blocchi. L'informazione del blocco **X** non utilizzata per la costruzione del modello può essere estratta dalla tabella **X** ed usata per generare una nuova componente del modello e, quindi, un nuovo *score* utile per spiegare le risposte. Procedendo in modo iterativo, dopo la costruzione di un certo numero di componenti del modello è possibile ottenere la seguente decomposizione della tabella **X**:

$$X = TP^t + E$$

e della tabella **Y**

$$Y = TC^t + F$$

dove **T** è la matrice degli *score* per il blocco **X**, **P** e **C** le matrici dei *loading* e **E** e **F** le matrici dei residui. La relazione fra *score* e tabella di dati:

$$T = XW^*$$

permette di ottenere il modello lineare cercato. La matrice $W^* = W (P^t W)^{-1}$, detta dei pesi corretti, permette di esprimere la tabella dei coefficienti di regressione come:

$$B = W^* C^t$$

È possibile dimostrare che:

$$B = XW(W^t X^t XW)^{-1} W^t X^t Y$$

cioè che i coefficienti di regressione sono determinati direttamente una volta nota la matrice dei pesi **W** che ha per colonne i pesi w che producono le proiezioni del blocco **X** in ogni iterazione. Il ruolo giocato dalla matrice dei pesi nel definire il modello permette di associare a ogni variabile del blocco X un parametro, detto VIP (acronimo di *Variable Importance in the Projection*), che stabilisce l'influenza di quella variabile nel modello. Il parametro VIP è calcolato combinando fra loro il peso che una data variabile ha in ogni proiezione e il potere esplicativo di quella componente del modello. Più VIP è elevato, maggiore sarà l'influenza della variabile sul modello.

Il potere esplicativo complessivo del modello, cioè la quantità di variabilità del blocco Y spiegata dal modello PLS, viene di solito misurato calcolando il parametro R^2. Tale parametro può variare da 0 a 1. Nel primo caso, il modello non rappresenta affatto il blocco Y, mentre nel secondo il modello riproduce esattamente il blocco Y. All'aumentare del numero di componenti del modello, R^2 tende ad aumentare in modo monotono. Tuttavia non è detto che un modello che riproduce bene le risposte si comporti altrettanto bene in predizione. Si osserva, infatti, che oltre un certo numero di componenti il modello non è più in grado di predire con sufficiente accuratezza il risultato di nuove osservazioni e si dice che il modello è affetto da *over-fitting*. Per rilevare questo viene introdotto un secondo parametro, detto Q^2, che stima il potere predittivo del modello sulla base di una tecnica di validazione interna detta cross-validazione. Tale parametro è limitato superiormente da 1 ed è sempre inferiore a R^2. Il suo andamento al variare del numero di componenti del modello non è monotono, ma presenta diversi massimi. Di solito si sceglie un numero di componenti tale da produrre il primo massimo di Q^2, cioè un numero di componenti minimo per garantire una sufficiente predittività del modello. Un utile test basato sulle permutazioni casuali del blocco delle risposte può essere utilizzato per valutare la casualità e la presenza di *over-fitting* nel modello di interesse. Le colonne della tabella Y vengono permutate in maniera casuale e, per ogni permutazione, è calcolato un modello che ha lo stesso numero di componenti del modello in esame. Se la permutazione produce una nuova risposta molto diversa da quella di partenza, ci si deve aspettare un valore di Q^2 molto più basso di quello del modello di interesse nel caso in cui esso non sia casuale o affetto da *over-fitting*. Se questo non accade, bisogna sospettare di essere di fronte a un modello non affidabile in quanto casuale o affetto da *over-fitting*.

La decomposizione della tabella X permette di definire in modo preciso il dominio di applicabilità del modello. In modo analogo a quanto visto per la tecnica PCA, infatti, è possibile costruire i parametri T2 e DModX combinando rispettivamente fra loro gli *score* e i residui ottenuti dalla decomposizione. Poiché è nota la distribuzione statistica di questi due parametri, un'osservazione è ritenuta appartenere al dominio di applicabilità del modello se supera il test T2 di Hotelling e quello relativo a DModX sulla base di una soglia di confidenza fissata, di solito corrispondente al 95%. T2 e DModX possono essere usati anche per rilevare la presenza di *outlier*. Per la tecnica PLS anche l'analisi delle relazione fra t e u permette di evidenziare potenziali *outlier* così come la deviazione fra risposta calcolata e misurata.

Tabella 2.4. Tabella di dati utilizzata per la costruzione del modello PLS

	A	B	C	D	E	F	Y
1	49	19	21	75	22	85	66
2	10	3	2	71	80	24	57
3	38	23	12	76	29	80	65
4	26	1	3	51	89	78	44
5	31	1	11	42	51	72	37
6	13	43	45	78	9	32	63
7	17	17	42	72	11	91	59
8	12	10	12	57	15	94	46

Interpretazione dei modelli mediante grafici

L'esempio che segue permetterà di illustrare come sia possibile interpretare un modello di regressione PLS utilizzando opportuni grafici. In Tabella 2.4 è riportata la tabella di dati **X** (dalla colonna A alla colonna F) e la risposta Y utilizzati per la costruzione del modello. Il blocco X corrisponde alla Tabella 2.2 analizzata mediante tecnica PCA. Come evidenziato in precedenza non sono presenti *outlier*. Uno dei requisiti che di solito si richiede al blocco X prima della costruzione del modello di regressione è, infatti, che non vi siano forti *outlier*.

Utilizzando *autoscaling* come pretrattamento dei dati, il modello PLS ha presentato 2 componenti, $R^2 = 0,96$ e $Q^2 = 0,69$. Non sono stati evidenziati *outlier* in relazione né al test T2 di Hotelling né al test relativo a DModX.

La relazione di linearità fra gli *score* t e u è rappresentata in Figura 2.10: i due *score* variano fra loro in modo approssimativamente lineare e non vi sono osservazioni che violino in modo forte questo tipo di andamento.

È pertanto corretto applicare un modello lineare allo studio della relazione fra X e Y. Solitamente ci si limita a verificare questa condizione solo per la prima componente del modello. Le restanti componenti hanno generalmente una dipendenza lineare fra gli *score* che diminuisce fino a svanire.

Un parametro utile per quantificare il grado di accuratezza in calcolo del modello è il cosiddetto SDEC (*Standard Deviation Error in Calculation*):

$$SDEC = \left[\frac{\sum_i (y_{i\,calc} - y_i)^2}{N} \right]^{1/2}$$

dove nella sommatoria sono considerate solo le N osservazioni utilizzate per la costruzione del modello. Con y_i è stata indicata la risposta di interesse mentre con $y_{i\,calc}$ la risposta calcolata. Per il modello in esame è risultato SDEC = 2,0. In modo analogo si

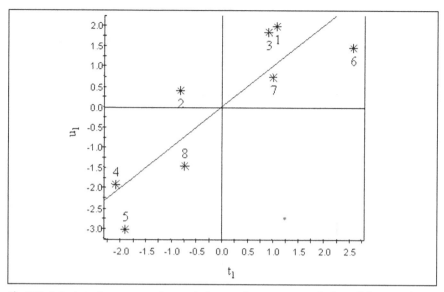

Fig. 2.10. Relazione fra t_1 e u_1: nello spazio latente si osserva una relazione di linearità fra gli *score* del blocco X e quelli della risposta

definisce il parametro SDEP (*Standard Deviation Error in Prediction*) dove però la sommatoria è estesa alle sole osservazioni utilizzate per la validazione del modello.

L'espressione che mette in relazione la matrice dei pesi corretti e quella dei *loading* del blocco Y con i coefficienti di regressione del modello:

$$B = W^* \, C^t$$

può essere utilizzata per rappresentare in un unico grafico, detto w*c *plot*, gli effetti che le variabili del blocco X hanno sulle risposte (Figura 2.11).

Per il modello in esame, a ciascuna variabile i del blocco X è possibile associare una coppia di valori (W^*_{i1}, W^*_{i2}), mentre alla risposta Y la coppia di *loading* (C_1, C_2). Rappresentando queste coppie ordinate in uno stesso piano cartesiano si ottiene il w*c *plot* per il modello. I coefficienti di regressione per ciascuna variabile del blocco X risultano proporzionali alle proiezioni dei punti che rappresentano le variabili sulla retta che passa per l'origine e il punto rappresentativo della risposta Y. Il segno del coefficiente dipende dal verso della proiezione: se essa punta verso la risposta il coefficiente risulterà positivo, se in direzione opposta negativo. Ad esempio, la variabile D sarà quella con il coefficiente positivo più elevato nel modello, mentre la F quella con coefficiente più negativo. L'effetto della variabile A sarà di poco superiore a quello della variabile B mentre la variabile C avrà un effetto trascurabile sulla risposta.

Le informazioni rappresentate nel w*c *plot* sono complete solo nel caso di modelli aventi due componenti, mentre per modelli che hanno più di due componenti risultano solo parziali.

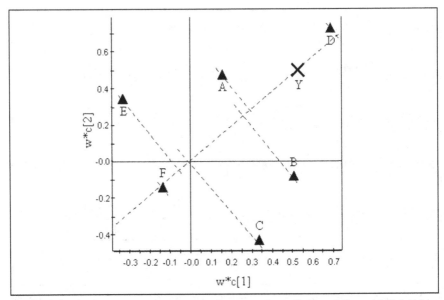

Fig. 2.11. w*c *plot*: la costruzione grafica mostra come valutare l'effetto delle variabili del blocco X sulla risposta Y

Metodo di classificazione PLS-DA (*PLS-Discriminant Analysis*)

La tecnica di classificazione PLS-DA utilizza una tabella di risposte contenente l'informazione della classe di appartenenza di ciascuna osservazione per guidare una regressione di tipo PLS al fine di trovare le direzioni più adatte per separare in classi l'insieme di osservazioni in esame. Si tratta, quindi, di un metodo *supervised*. Ciascuna osservazione sarà attribuita a una e una sola classe.

Quando utilizzare la PLS-DA

La tecnica PLS-DA può essere utilizzata sia per costruire modelli con finalità prettamente predittive che per scopi interpretativi. Nel primo caso, l'obiettivo dello studio è quello di ottenere modelli capaci di attribuire in modo accurato la classe a nuove osservazioni. Singoli modelli PLS-DA funzionano bene per problemi fino a 4-5 classi; poi diventa generalmente difficile ottenere modelli altamente accurati. Si può ovviare a questo inconveniente ricorrendo al metodo "uno contro tutti" o "uno contro uno" che semplifica il problema a molte classi in una serie di problemi che considerano una coppia di classi alla volta. Il metodo "uno contro tutti" prevede di costruire di volta in volta un modello PLS-DA capace di discriminare ciascuna classe da tutte le altre considerate come facenti parte di una stessa classe, mentre il metodo "uno contro uno" prevede di costruire modelli PLS-DA per tutte le possibili coppie di classi.

L'attribuzione della classe a una osservazione viene fatta applicando in serie tutti i modelli e attribuendo un punteggio sulla base del responso di ciascun modello. La classe con il punteggio più elevato sarà la classe dell'osservazione di interesse. Nel caso si voglia studiare, invece, quali variabili caratterizzino le singole diverse classi o mettere in evidenza quali siano le differenze fra le classi, si ricorre all'interpretazione del modello PLS-DA analizzandone le proprietà a livello delle variabili latenti. In questo contesto l'accuratezza in predizione del modello perde di importanza e si preferiscono modelli che utilizzano poche componenti significative.

Note tecniche

Come tutte le tecniche *supervised* anche la PLS-DA necessita di un insieme di osservazioni di classe noto per la costruzione del modello. Il punto chiave è la costruzione della tabella contenente le informazioni relative alle classi delle osservazioni. Per fare questo, si introduce una variabile risposta per ciascuna classe e si attribuisce valore 0 oppure 1 a tale risposta a seconda che l'osservazione appartenga o meno a quella particolare classe. In questo modo, per un problema a N classi sarà costruito un blocco Y composto da N risposte: solo una di queste avrà valore 1 per ciascuna osservazione e indicherà la classe di appartenenza della osservazione, mentre le altre risposte saranno 0. La tecnica di regressione PLS sarà poi utilizzata per mettere in relazione il blocco X con il blocco Y così costruito al fine di ottenere il modello PLS-DA per il sistema in esame. In questo modo, data una nuova osservazione, il modello PLS-DA fornirà una serie di N risposte, ciascuna con un valore numerico tendente a 1 oppure a 0. Se il modello è sufficientemente robusto, si osserva di solito che una sola variabile di classe avrà un valore prossimo a 1, mentre tutte le altre un valore prossimo a 0. In questo caso la risposta con il valore più vicino a 1 indicherà la classe di appartenenza della osservazione. Quando questo non accade e le risposte hanno valori non ben distinti fra loro, si utilizzano regole empiriche basate su soglie per l'interpretazione della tabella delle risposte predette oppure si applica a tale tabella un classificatore di tipo bayesiano, al fine di trasformare il valore numerico della risposta in probabilità di appartenenza a quella classe.

Per un problema a N classi il modello PLS-DA dovrebbe avere N-1 componenti.

Quando si costruisce un modello di classificazione di tipo *hard* come quello PLS-DA risulta utile esprimere i risultati dell'applicazione del modello mediante un'apposita tabella detta matrice di confusione (dall'inglese *confusion matrix*) in cui si confronta la reale classificazione con quella ottenuta dal modello. Se si considera ad esempio un problema a due classi, dette classe A e classe B, la matrice di confusione ha la struttura generale riportata in Tabella 2.5.

In Tabella 2.5 è stato indicato con TP il numero di veri positivi, cioè osservazioni di classe A associate correttamente dal modello alla classe A, con FN il numero di falsi negativi, cioè osservazioni di classe A associate in modo errato alla classe B dal modello, con TN il numero di veri negativi, cioè osservazioni di

Tabella 2.5. Matrice di confusione per un problema a due classi dette A e B

	Classificato A	Classificato B
A	TP	FN
B	FP	TN

tipo B correttamente classificate dal modello come B e con FP il numero di falsi positivi, cioè osservazioni di tipo B classificate erroneamente come di classe A.

Sulla base della matrice di confusione si possono costruire alcuni utili parametri per valutare la bontà del modello. In particolare, risultano utili i due parametri:

accuratezza = TP/(TP+FP);

selettività = TP/(TP+FN)

mentre un giudizio globale sull'intero modello di classificazione può essere ottenuto ricorrendo al coefficiente K di Cohen, calcolato anch'esso a partire dalla matrice di confusione. Un modello è tanto più efficiente in classificazione quanto più il valore del coefficiente K di Cohen tende a 1. Di solito un modello è ritenuto soddisfacente per valori di K di Cohen superiori a 0,60.

Interpretazione dei modelli mediante grafici

Il modello PLS-DA può essere interpretato ricorrendo agli stessi grafici introdotti per la tecnica PLS. In particolare il w*c *plot* può essere utilizzando per studiare la relazione fra variabili del blocco X e classi rappresentate mediante le variabili del blocco Y. In questo paragrafo introdurremo un nuovo tipo di grafico, il *correlation loading plot* o pc(corr) *plot*, che contiene parte dell'informazione del w*c *plot,* ma che nel caso della classificazione può risultare più efficiente. Per questo scopo utilizzeremo la tabella di dati introdotta per la presentazione del metodo di classificazione SIMCA. Il problema di classificazione relativo è a 3 classi: tessuti di tipo metastatico, tessuti di tipo tumorale e tessuti di soggetti sani. Per ciascun campione di tessuto epatico è stato prodotto lo spettro 1D-HNMR che ha permesso di generare la tabella di dati del blocco X (37 campioni e 210 variabili). La tabella di dati per rappresentare le classi nel blocco Y (37 campioni e 3 variabili) avrà righe come indicato in Tabella 2.6 rispettivamente per campioni di tessuto tumorale, metastatico e di soggetti sani.

Tabella 2.6. Tabella di dati utilizzata per rappresentare le classi nel blocco Y

Y metastatico	Y tumorale	Y sano
0	1	0
1	0	0
0	0	1

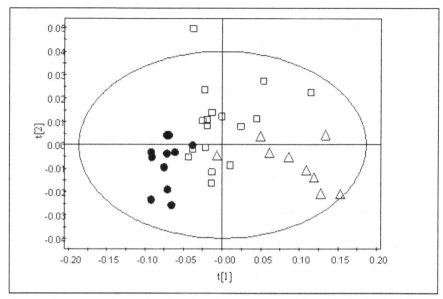

Fig. 2.12. *Score scatter plot* relativo alle prime due componenti del modello PLS-DA: i triangoli indicano i campioni di tessuto metastatico, i cerchi quelli di tessuto di soggetti sani mentre i quadrati i campioni di tessuto tumorale

Centrando le variabili sul loro valore medio, il modello PLS-DA ha presentato 3 componenti significative, $R^2 = 0,61$ e $Q^2 = 0,36$.

Consideriamo ora solo le prime due componenti del modello che risultano essere le più importanti ai fini della classificazione. Come può essere visto dallo *score scatter plot* di Figura 2.12, la proiezione della tabella di dati del blocco X nello spazio latente descritto da queste due componenti produce tre raggruppamenti ben distinti di campioni: nel quadrante in basso a sinistra si collocano gli 11 campioni di tessuto di soggetti sani, nel quadrante in basso a destra i 9 campioni di tessuto metastatico mentre nella regione centrale verso l'alto i 17 campioni di tessuto di tipo tumorale.

La prima componente del modello (asse orizzontale in Figura 2.12) distingue i campioni di tessuto di soggetti sani da quelli di tipo metastatico mentre la seconda componente (asse verticale in Figura 2.12) evidenzia il gruppo dei campioni di tessuto tumorale che hanno valori intermedi alle altre due classi per quanto riguarda la prima componente. Se esistesse una variabile misurata identica alla prima componente del modello, il metabolita corrispondente aumenterebbe, passando dai tessuti di soggetti sani ai tessuti tumorali fino a raggiungere un valore massimo per i tessuti metastatici, mentre se vi fosse una variabile misurata identica alla seconda componente il metabolita relativo sarebbe in quantità massima nei tessuti tumorali. Il *correlation loading plot* mostra il grado di similarità, misurato come coefficiente di correlazione, fra le singole variabili misurate e le variabili latenti del modello. Nel caso in esame, per ciascuna variabile del modello, sia essa del blocco X o del blocco Y, vengono calcolate le correlazioni con la prima e la seconda componente del modello e ciascuna variabile è poi rappresentata nello stesso piano cartesiano (Figura 2.13).

In questo modo, tutte le variabili in gioco risultano rappresentate nello stesso grafico e si possono studiare le relazioni di similarità fra le variabili in modo semplice. I punti che stanno vicini nel grafico corrispondono a variabili che correlano fortemente fra loro e risultano pertanto simili da un punto di vista dell'informazione contenuta. Questo è vero quanto più i punti si collocano nella periferia del grafico, cioè in prossimità della circonferenza di raggio unitario. Se ora si considera un punto rappresentante una classe, tutti i punti a esso vicini corrisponderanno a variabili che hanno un andamento simile, cioè con valori elevati per i campioni di quella classe e inferiori per gli altri. In altre parole, i punti rappresentanti variabili del blocco X che cadono attorno ai punti che rappresentano classi, corrispondono a variabili che caratterizzano fortemente quelle singole classi. Si può vedere, per esempio, che le variabili 3.46, 3.50 e 3.90, corrispondenti alle risonanze del glucosio, caratterizzano fortemente i tessuti epatici di soggetti sani, mentre le variabili 1.34, 4.10 e 4.14, corrispondenti alle risonanze del lattato, sono caratterizzanti dei tessuti metastatici. In Figura 2.14 sono rappresentati gli andamenti delle variabili appena individuate.

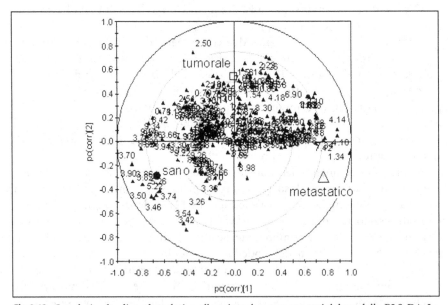

Fig. 2.13. *Correlation loading plot* relativo alle prime due componenti del modello PLS-DA. Le variabili 1.34, 4.10 e 4.14, corrispondenti alle risonanze del lattato, risultano avere valori più elevati per la classe dei tessuti di tipo metastatico mentre le variabili 3.46, 3.50 e 3.90, corrispondenti alle risonanze del glucosio, hanno valori più elevati per i tessuti di soggetti sani

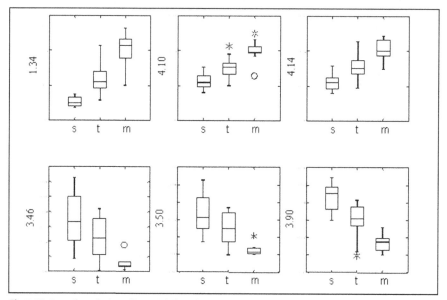

Fig. 2.14. *Box plot* relativo alle variabili individuate dall'analisi del *correlation loading plot*: s indica la classe dei tessuti di soggetti sani, t la classe dei tessuti tumorali mentre m la classe dei metastatici

Letture consigliate

Eriksson L, Johansson E, Kettaneh-Wold N, Trygg J, Wikström C, Wold S (2006) Multi- and Megavariate Data Analysis, Basic principles and applications. Umetrics AB, Umeå, Sweden

Härdler W, Simar L (2007) Applied Multivariate Statistical Analysis. Springer, Berlin, Germany

Höskuldsson A (1988) PLS regression methods. J Chemom 2:211–228.

Jackson JE (1991) A User's Guide to Principal Components. John Wiley, New York

Krzanowski WJ (1987) Cross-Validation in Principal Component Analysis. Biometrics 43:575-584

Lindon JC, Holmes E, Nicholson JK (2001) Pattern recognition methods and applications in biomedical magnetic resonance. Prog Nucl Mag Res Sp 39:1-40

Wiklund S, Johansson E, Sjöström L et al (2008) Visualization of GC/TOF-MS based metabolomics data for identification of biochemically interesting compounds using OPLS class models. Anal Chem 80:115-122

Wold S, Sjöström M, Eriksson L (2001) PLS-regression: a basic tool of chemometrics. Chem. Intell Lab Syst 58:109-130

Wold S, Trygg J, Berglund A, Antti H (2001) Some recent development in PLS modeling. Chem Intell Lab Syst 58:131-150

CAPITOLO 3

Relazioni quantitative struttura-attività/proprietà

Matteo Stocchero

Introduzione

Le relazioni quantitative struttura-attività (QSAR, dall'inglese *Quantitative Structure-Activity Relationships*) o struttura-proprietà (QSPR, da *Quantitative Structure-Property Relationships*) rivestono una grande importanza nel campo della chimica. L'idea alla base degli studi QSA(P)R è che la struttura chimica possa essere messa in relazione quantitativa con processi chimici o biologici. Le proprietà della struttura molecolare dei composti chimici vengono tradotte in termini numerici mediante il calcolo di opportuni descrittori e la relazione fra struttura, espressa tramite i descrittori, e proprietà di interesse viene studiata mediante le tecniche dell'analisi multivariata. Ciò permette di costruire modelli interpretativi della natura capaci non solo di individuare e spiegare complessi meccanismi di azione, ma anche di prevedere il comportamento di nuove sostanze chimiche. Per applicare i modelli QSA(P)R a un composto, infatti, basta conoscere la sua struttura chimica. Nota la struttura, è possibile calcolare i descrittori molecolari necessari. La stessa procedura può essere applicata anche a composti non ancora sintetizzati. Questi modelli possono, quindi, guidare la sintesi di nuove molecole che possiedano determinate proprietà. Dopo aver prima chiarito che cosa si intende per modello, saranno presentati i descrittori molecolari necessari per la rappresentazione matematica dei composti chimici e, poi, descritte alcune tecniche matematico-statistiche utili per la costruzione dei modelli. Di seguito si presenteranno due applicazioni che mostrano come complesse attività biologiche possono essere studiate mediante l'approccio QSAR.

Cosa si intende per modello struttura-attività/proprietà

Il termine modello sarà largamente usato in questo capitolo e rappresenta un concetto fondamentale per la comprensione dell'approccio QSAR e QSPR. Le relazioni che spiegano come la struttura di un composto chimico determini un'attività biologica oppure una proprietà chimico-fisica sono rappresentate infatti da ciò che si chiama il modello. È importante chiarire fin dall'inizio che il modello non vuole essere una riproduzione fedele della realtà fisica, ma solo una sua rappresentazione caricaturale capace di far emergere aspetti che si ritengono utili e interessanti.

La procedura di costruzione di un modello passa attraverso i seguenti passi fondamentali:

1. rappresentazione della serie di composti chimici in studio mediante opportuni descrittori molecolari;
2. selezione di un *training set* per la costruzione del modello e di un *test set* per la sua validazione;
3. costruzione del modello mediante apposite tecniche matematico-statistiche.

1. La scelta della rappresentazione da usare per descrivere i composti chimici in studio dipende prima di tutto dalle finalità del modello. Infatti, se il modello ha l'obiettivo di mettere in luce aspetti peculiari del sistema in esame e, quindi, avere uno scopo interpretativo si dovrà usare una rappresentazione facilmente interpretabile in termini delle proprietà dei composti in studio. Se, invece, la finalità è prettamente predittiva si potranno usare anche rappresentazioni meno leggibili in termini di proprietà strutturali, in quanto non risulta essenziale la comprensione dei meccanismi che hanno portato al responso sperimentale. Una volta chiaro l'obiettivo del modello, sono di solito motivazioni dettate dall'esperienza, oppure da una qualche teoria di base, a guidare la scelta della particolare famiglia di descrittori da usare.

2. Le tecniche di *Design of Experiments* introdotte nel capitolo 1 possono essere applicate all'insieme dei composti in esame descritto mediante l'uso di descrittori molecolari adatti, al fine di selezionare particolari composti che risultano utili per costruire il modello. Questi composti devono avere differenze strutturali sufficientemente grandi da poter mettere in evidenza variazioni significative nella proprietà da modellare e rappresentare allo stesso tempo in modo efficiente la serie di composti di interesse.

3. Anche la tecnica usata per la costruzione del modello avrà un impatto sia sulla sua interpretabilità che sulle caratteristiche in predizione. Vi sono tecniche come quelle basate sulle proiezioni che fanno uso di regressioni per generare il modello, che pertanto sarà rappresentato da una precisa equazione matematica in cui le variabili rappresentative dei composti in esame avranno un particolare peso. Il modello risulterà, quindi, interpretabile in modo chiaro: ogni suo ingrediente avrà un preciso ruolo. Altre tecniche, quali ad esempio le reti neurali artificiali, non producono modelli così facilmente leggibili, in quanto si comportano come una sorta di scatola nera che, date alcune informazioni in ingresso, fornisce un responso in uscita senza la possibilità di capire la relazione fra rappresentazione dei composti e proprietà da modellare. Tuttavia, le reti neurali possono trattare sistemi altamente non lineari e forniscono di solito modelli molto potenti in predizione.

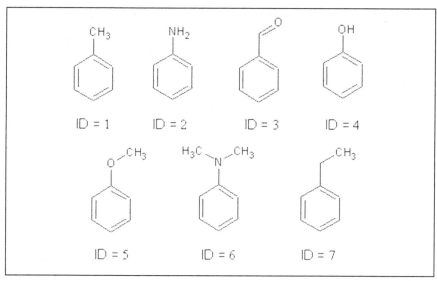

Fig. 3.1. Struttura molecolare dei 7 benzeni monosostituiti

La possibilità di giocare fra tipo di rappresentazione e tipologia del modello matematico-statistico rende l'approccio QSAR-QSPR applicabile a un numero vastissimo di sistemi.

Nell'esempio che segue sarà mostrato come costruire un semplice modello per lo studio della lipofilia di una serie di 7 benzeni monosostituiti. In Figura 3.1 è riportata la struttura molecolare dei composti.

La lipofilia, indicata in modo compatto con $\log P_{o/w}$, è definita per ogni composto chimico come il logaritmo decimale del suo coefficiente di ripartizione P fra 1-ottanolo e acqua:

$$\log P_{o/w} = \log \frac{C_{1\text{-ottanolo}}}{C_{\text{acqua}}}$$

dove con C_i è stata indicata la concentrazione di equilibrio della specie chimica di interesse nella fase i. Il valore di $\log P_{o/w}$ esprime quindi la tendenza di un composto a preferire un solvente organico piuttosto che uno acquoso. Questa proprietà è molto importante in chimica medicinale in quanto molte proprietà biologiche, come il passaggio di membrana, oppure proprietà fisiche, quali ad esempio la solubilità, sono strettamente correlate a essa. Inoltre l'efficacia di un farmaco dipende strettamente dalla sua lipofilia dato che da essa dipende, per esempio, la sua distribuzione nei diversi organi, una volta somministrato. In Tabella 3.1 è riportato il nome del composto in studio e il valore di lipofilia corrispondente.

Come si può osservare, l'intervallo di variabilità della proprietà in esame, il $\log P_{o/w}$, è superiore alle 2 unità logaritmiche. Di solito questo intervallo è suf-

Tabella 3.1. Numero identificativo (ID) e nome del composto, MW, TPSA e lipofilia

ID	nome	MW	TPSA	$logP_{o/w}$
1	toluene	92,14	0,00	2,68
2	anilina	93,13	26,02	0,94
3	benzaldeide	106,12	17,07	1,64
4	fenolo	94,11	20,23	1,48
5	metossibenzene	108,14	9,23	2,13
6	N,N-dimetilanilina	121,18	3,24	2,33
7	etilbenzene	106,17	0,00	3,21

ficiente a garantire la costruzione di modelli robusti. Al fine di trovare una relazione quantitativa fra proprietà molecolari e $logP_{o/w}$, per ciascun composto sarà determinato il peso molecolare (MW) e la *Topological Polar Surface Area* (TPSA). Queste due variabili descrittive che rappresentano i descrittori molecolari usati nel modello saranno descritte in dettaglio nel paragrafo seguente. Il software ACD/PhysChem 12.00 (Advanced Chemistry Development Inc.) è stato usato per generare tali descrittori. Per ora è sufficiente sapere che la TPSA è un indice della polarità del composto: più essa è elevata, più il composto risulta polare. La polarità di un composto dipende dal tipo di atomo presente nella sua struttura: più sono presenti atomi di ossigeno o azoto, più il composto risulta polare; più sono presenti atomi di carbonio, più il composto risulta apolare.

Una regressione di tipo PLS ha permesso di ottenere un modello lineare avente la seguente forma:

$$logP_{o/w} = 0,020 \; MW - 0,056 \; TPSA + 0,60$$

che è caratterizzato da un errore in calcolo pari a SDEC = 0,29.

In sostanza, il modello permette di affermare che più un composto è polare (maggiore TPSA) più la sua lipofilia si abbassa e quindi maggiore è la sua tendenza a preferire un ambiente acquoso di tipo polare. Inoltre, maggiore è il peso molecolare del composto, in questo caso di natura organica, più la sua lipofilia cresce e il composto preferisce distribuirsi nella fase apolare organica. È importante notare che, una volta nota la struttura molecolare del composto di interesse, il modello rende possibile stimare un'osservabile sperimentale come la lipofilia mediante il calcolo di semplici descrittori molecolari.

Un principio fondamentale nell'ambito dell'analisi QSAR-QSPR è il principio di congenericità in base al quale è possibile utilizzare un modello per predire una nuova struttura solo se questa è simile alle strutture utilizzate per generare il modello stesso. In pratica, se si è generato un modello che spiega

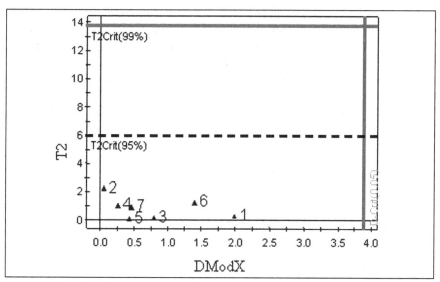

Fig. 3.2. T2/DmodX *plot*: i composti studiati appartengono tutti al dominio di applicabilità del modello. Con la linea tratteggiata è rappresentata la soglia al 95% per T2, mentre in grigio quella al 95% per T2 e al 95% per DModX. Sono stati indicati i numeri identificativi dei composti

come la lipofilia di una serie di ammine varia con il loro peso molecolare, non è detto che lo stesso modello valga per una serie di benzeni sostituiti. Due parametri statistici utilizzati nel caso di modelli proiettivi, per determinare se una struttura appartiene o meno al dominio di applicabilità del modello, sono T2 e DModX. Il grafico T2/DModX di Figura 3.2 è un esempio di come graficamente si può verificare l'appartenenza di un composto al dominio di applicabilità del modello.

Tale dominio è rappresentato con un livello di confidenza del 95% dalla regione limitata superiormente dalla soglia al 95% per T2 (linea verde orizzontale) e dalla soglia al 95% per DModX (linea rossa verticale). Tutti i composti usati per la costruzione del modello appartengono anche al suo dominio di applicabilità e tutti i composti che vi appartengono risulteranno congenerici a quelli usati per costruire il modello.

I descrittori molecolari

Il concetto di descrittore molecolare gioca un ruolo chiave nella costruzione dei modelli QSAR e QSPR. La tecnica usata per generare il modello, infatti, ha una direzionalità intrinseca che va dalle variabili usate per descrivere i composti chimici alle osservabili di interesse che devono essere modellate. Pertanto, il modello risultante dipenderà fortemente da ciò che si usa come variabili descrittive. Mentre la proprietà di interesse risulta ben definita per mezzo di una precisa operazione di misura, la scelta delle caratteristiche peculiari del composto in esame da usare durante la costruzione del modello, è una questione molto delicata e non sempre con un'unica soluzione. La scelta delle variabili descrittive determina, inoltre, non solo l'interpretabilità e la predittività del modello ma, molto spesso, anche la sua stessa esistenza. L'idea primitiva che è contenuta in parole come "caratteristiche" oppure "variabili descrittive del composto", può essere resa più precisa ricorrendo a ciò che si definisce "descrittore molecolare".

Definizione di descrittore molecolare

Il descrittore molecolare è il risultato finale di una procedura logico-matematica che trasforma l'informazione chimica racchiusa in una particolare rappresentazione simbolica di una molecola in un numero utile, oppure il risultato di una qualche procedura sperimentale standardizzata relativa al composto in esame. La definizione appena data necessita di alcune precisazioni. Il termine "utile" può avere due diversi significati. Infatti, un descrittore può essere utile perché importante nella spiegazione della proprietà di interesse, risultando molto efficiente nel predirla, oppure utile perché in grado di raccogliere importanti aspetti strutturali del composto e, quindi, far emergere in modo chiaro questi aspetti all'interno del modello.

Il descrittore può essere generato mediante un esperimento in laboratorio oppure un esperimento al calcolatore come nel caso di descrittori calcolati a partire dai risultati di studi quantomeccanici o di meccanica molecolare. È importante notare che i descrittori prodotti per via sperimentale sono intrinsecamente affetti da rumore, ma che anche quelli calcolati lo possono essere. Mentre i descrittori definiti a partire da una procedura sperimentale di laboratorio sono indipendenti dalla rappresentazione della struttura molecolare del composto, in generale gli altri descrittori molecolari sono supportati da una precisa rappresentazione simbolica della molecola.

Classificazione dei descrittori molecolari

Esistono vari criteri per classificare i descrittori molecolari. I due più usati fanno riferimento uno alla rappresentazione simbolica usata per descrivere la struttura molecolare e l'altro alla natura della grandezza usata come descrittore. La rappresentazione simbolica più semplice di una molecola è fornita dalla formula bruta del composto. L'informazione contenuta in essa è costituita dal tipo di atomo presente nella molecola e dalla sua numerosità nella stessa. Non vi è nessuna informazione che riguarda la struttura molecolare. I descrittori ottenuti a partire dalla formula bruta sono detti descrittori 0D. Un esempio è fornito dal peso molecolare che è ottenuto come somma degli atomi presenti nella formula bruta pesati per la loro numerosità oppure il numero di atomi di un certo tipo.

Qualora la struttura molecolare sia rappresentata usando una lista di frammenti, gruppi funzionali o sostituenti, presenti in essa o solo in una parte di essa, si ottiene una rappresentazione che supporta i descrittori di tipo 1D. Un esempio di tali descrittori è il numero di atomi capaci di formare legami donando o accettando idrogeno, il numero di nitro gruppi, il numero di atomi di carbonio primari, secondari o terziari, il numero di gruppi ammidici e così via. La rappresentazione bidimensionale della struttura molecolare definisce la connettività degli atomi all'interno della molecola in termini della presenza e dell'ordine del legame. L'uso della teoria dei grafi permette di tradurre la connettività della struttura bidimensionale nella cosiddetta rappresentazione topologica della molecola che è il punto di partenza per la definizione di molti dei descrittori 2D. Descrittori di questo tipo sono gli invarianti del grafo della molecola detti "descrittori topologici". Quando la molecola è rappresentata come un oggetto rigido nello spazio si ottiene quella che è detta "rappresentazione geometrica della molecola". In questa rappresentazione viene messa in evidenza, oltre che la connettività fra gli atomi e la natura del legame, anche la configurazione spaziale dell'intera molecola. I descrittori che si basano su questa rappresentazione sono detti 3D.

Esempi di questi descrittori sono i descrittori WHIM e i descrittori EVA. La rappresentazione geometrica permette di introdurre il concetto di campo prodotto dalla molecola nello spazio. È possibile, infatti, ispezionare lo spazio circostante la molecola mediante una sonda e registrare punto per punto l'interazione fra sonda e molecola. Generalmente lo spazio è campionato mediante una griglia di punti. Approcci di questo tipo sono GRID e CoMFA. Quello che si origina è una rappresentazione a reticolo che supporta i descrittori 4D. Se viene presa in considerazione, invece, la natura della grandezza usata come descrittore si possono distinguere le seguenti famiglie di descrittori:

- descrittori chimico-fisici;
- descrittori frammentali;
- descrittori geometrici;
- descrittori topologici;
- descrittori di correlazione strutturale;
- descrittori WHIM;
- descrittori quanto-meccanici;
- descrittori termodinamici;
- descrittori elettrotopologici;
- descrittori EVA;
- descrittori basati sull'analisi della superficie molecolare;
- descrittori basati sull'analisi del campo molecolare;
- descrittori spettroscopici.

Un esauriente discussione di queste famiglie può essere trovata nel testo *Handbook of Molecular Descriptors* di Todeschini e Consonni.

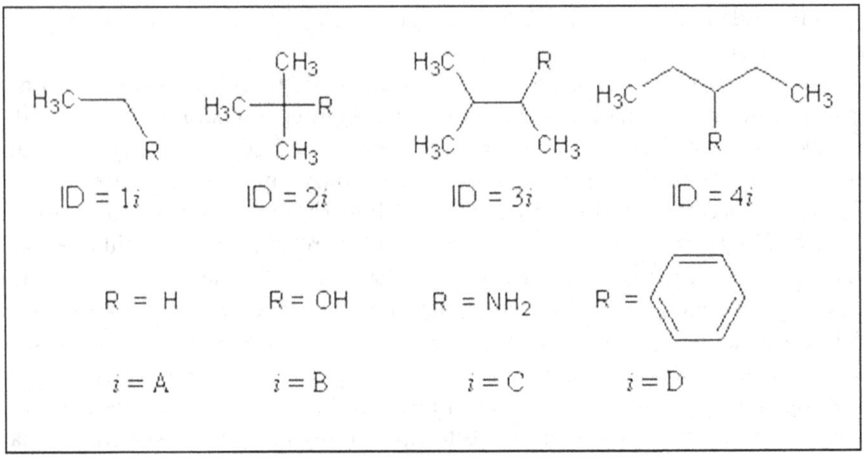

Fig. 3.3. Struttura e identificativo (ID) dei 16 composti usati per valutare l'efficacia della rappresentazione ottenuta mediante l'uso di diverse famiglie di descrittori

Alcune famiglie di descrittori molecolari

Ai fini didattici può risultare interessante prendere brevemente in considerazione alcune delle famiglie di descrittori molecolari che saranno usate nelle applicazioni che seguiranno. L'obiettivo è quello di far emergere le idee che hanno portato alla definizione di questi descrittori. Nuovi problemi potrebbero richiedere nuovi descrittori e capire come sia possibile costruirli risulta di fondamentale importanza. Saranno presentati di seguito i descrittori topologici e frammentali che sono basati sulla rappresentazione 2D, i descrittori basati sull'analisi della superficie molecolare che riassumono in modo molto efficace le caratteristiche polari e non-polari dei composti chimici, i descrittori WHIM che sono ottenuti mediante l'analisi PCA della matrice delle coordinate spaziali degli atomi opportunamente pesate, i descrittori EVA e i descrittori ottenuti mediante tecniche spettroscopiche. Per valutare le caratteristiche della rappresentazione ottenuta utilizzando una data famiglia di descrittori, sarà studiato l'insieme dei 16 composti descritto in Figura 3.3.

Si tratta di composti che appartengono alla classe degli idrocarburi alifatici, degli alcoli, delle ammine primarie e dei benzeni monosostituiti. Lo *score* e il *loading plot* di un modello PCA con descrittori scalati sulla deviazione standard e centrati sul valore medio permetteranno l'analisi della rappresentazione.

Descrittori topologici

Questa famiglia di descrittori di tipo 2D è supportata dalla rappresentazione a grafo della struttura molecolare, il cosiddetto grafo molecolare. Un grafo è un oggetto costituito da un insieme di vertici e un insieme di archi ciascuno dei

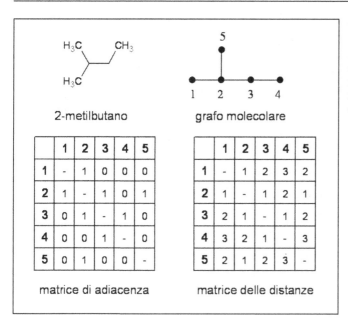

Fig. 3.4.
Rappresentazione in forma matriciale del grafo molecolare (senza idrogeni esplicitati) di 2-metilbutano

quali connette due vertici. La struttura molecolare viene tradotta in un grafo ponendo gli atomi ai vertici del grafo e usando i legami come archi. Il grafo molecolare così ottenuto viene poi rappresentato in forma matriciale costruendo la matrice di adiacenza oppure la matrice delle distanze. La matrice di adiacenza ha solo elementi fuori diagonale che possono avere valore 1 oppure 0 a seconda che i due atomi in colonna e riga siano fra loro legati o meno. La matrice delle distanze, invece, ha solo elementi fuori diagonale che indicano il numero di passi del cammino più breve che connette i due atomi in riga e colonna. In Figura 3.4 è mostrato un esempio di come sia possibile costruire la matrice di adiacenza e quella delle distanze per la molecola di 2-metilbutano.

La rappresentazione matriciale ottenuta costruendo la matrice di adiacenza o quella delle distanze è una forma utile per generare i descrittori molecolari topologici. Infatti, è possibile estrarre gli invarianti caratteristici della matrice quali ad esempio il determinante, oppure applicare a essa concetti matematici quali l'entropia o ricercare il suo contenuto di informazione per definire precisi indici caratteristici che costituiranno i descrittori. I descrittori topologici sono stati impiegati con successo in molti studi QSAR e QSPR: diversi modelli per la lipofilia o altri coefficienti di ripartizione sono basati su descrittori topologici così come numerosi sono gli studi di attività biologica (inibizione di HIV, attività antimalarica, azione anticonvulsiva) o azione tossica (tossicità di pesticidi su pesci o mammiferi) che usano questo tipo di descrittore.

In Figura 3.5 sono riportati lo *score plot* e il *loading plot* che rappresentano la descrizione ottenuta per l'insieme di composti di Figura 3.3. Gli alcoli e le ammine primarie (composti .B e .C in Figura 3.5) non sono distinguibili fra

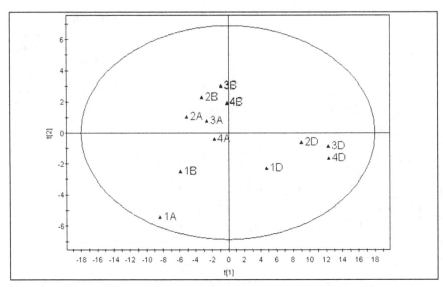

Fig. 3.5a. *Score plot* t1/t2

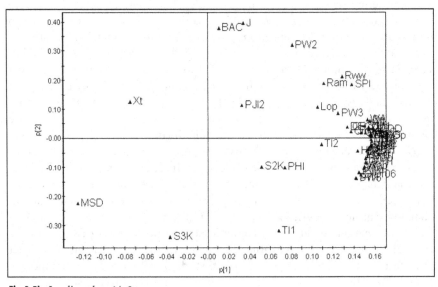

Fig. 3.5b. *Loading plot* p1/p2

loro mentre i benzeni monosostituiti si raggruppano tutti nel quadrante in basso a destra (Figura 3.5*a*).

I composti aventi lo scheletro 1 si distinguono dai restanti 2, 3 e 4 per il più alto valore del descrittore MSD che dipende dalla linearità della struttura. I benzeni monosostituiti sono caratterizzati da elevati valori dei descrittori CSI e ECC che dipendono dalla eccentricità della forma della molecola.

Descrittori frammentali

I descrittori di tipo frammentale sono ottenuti a partire dalla rappresentazione 2D della struttura molecolare. Sono numeri interi che stabiliscono se un certo frammento è più o meno presente in una molecola, specificandone eventualmente l'occorrenza. Una descrizione di tipo frammentale prende origine da un preciso schema di frammentazione della struttura molecolare. Uno schema molto utile e usato è quello basato sul cosiddetto "atomo di carbonio isolante" (schema detto IC-*based* da *Isolating Carbon*) che, data la struttura molecolare, ha portato alla costruzione di alcuni dei più potenti modelli per la predizione della lipofilia. Un altro schema di frammentazione usato con successo per la costruzione di modelli di proprietà tossicologiche è quello a catena: la struttura molecolare è suddivisa in modo da ottenere tutte le possibili catene di atomi aventi una lunghezza fissata. La rappresentazione frammentale permette di ottenere modelli che di solito sono di facile interpretazione. In particolare, possono essere individuati quei frammenti che sono i maggiori responsabili nel determinare il comportamento di una certa classe di composti in relazione a una data proprietà o attività. L'individuazione di questi frammenti può portare a stabilire quali debbano essere le caratteristiche strutturali generali affinché un composto sia attivo o meno, oppure quali unità funzionali incrementino il valore di una certa proprietà o lo diminuiscano. Modelli di tipo meccanicistico possono essere messi in luce grazie ai frammenti. Tuttavia, la descrizione di tipo frammentale richiede di solito un ampio numero di composti oppure piccole serie di composti molto simili fra loro. Questo ne limita molto spesso la possibilità di utilizzo.

In Figura 3.6a è mostrato lo *score plot* relativo alla rappresentazione ottenuta frammentando i composti di Figura 3.3 mediante catene di 2 o 3 atomi di lunghezza. Tutte le 4 classi di composti sono ben distinte.

In particolare, i frammenti F3 e F4 contenenti l'atomo di ossigeno caratterizzano gli alcoli, mentre i frammenti F5 e F6 che presentano l'atomo di azoto distinguono la classe delle ammine. I composti aromatici sono, invece, caratterizzati da frammenti contenenti carboni di tipo aromatico (descrittori da F7 a F11).

Descrittori basati sull'analisi della superficie molecolare

I descrittori che verranno introdotti in questo paragrafo sono di tipo 3D. Essi risultano molto utili per interpretare importanti fenomeni, come la ripartizione di un composto fra due fasi oppure il passaggio attraverso la membrana cellula-

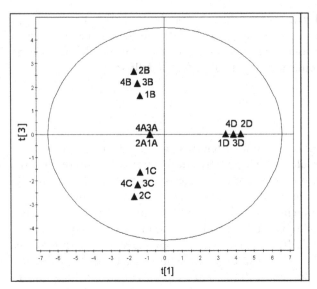

Fig. 3.6a. *Score plot* t1/t3

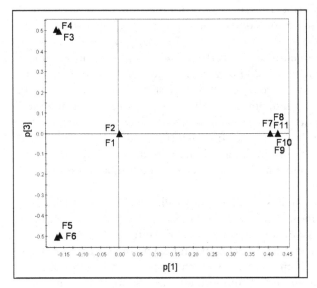

Fig. 3.6b. *Loading plot* p1/p3

re. Come prima cosa è necessario definire quello che si intende per superficie molecolare. Esistono diverse definizioni e metodi per calcolarla. La più usata è la cosiddetta SASA (*Solvent-Accessible Surface Area*), cioè la superficie della molecola accessibile al solvente. Essa è calcolata a partire da una sonda sferica di raggio fissato (di solito 1,5 Å) che viene fatta correre sulla superficie ottenuta per inviluppo delle sfere di Van der Waals degli atomi della molecola. Il luogo

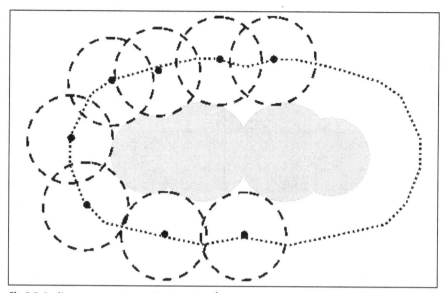

Fig. 3.7. La linea punteggiata indica la SASA. È stata ottenuta considerando il luogo dei punti su cui si è mosso il centro della sonda (sfera tratteggiata) durante il suo rotolamento lungo l'inviluppo delle sfere di Van der Waals (regione grigia) per gli atomi della molecola, in questo caso C_2H_2

dei punti descritto dal centro della sonda definisce la SASA (Figura 3.7).

Alcuni descrittori basati sul concetto di superficie accessibile al solvente sono di seguito elencati:

- FOSA: componente idrofobica di SASA; il calcolo dell'area superficiale prende in considerazione solo l'area occupata dagli atomi di carbonio della superficie e dagli idrogeni a essi legati;
- FISA: componente idrofilica di SASA; l'area è calcolata considerando solo la superficie occupata dagli atomi di azoto, ossigeno e idrogeno legato a eteroatomi presenti sulla superficie;
- PISA: componente della SASA associata ad atomi di carbonio p e agli atomi di idrogeno a essi legati; viene calcolata l'area superficiale occupata dai carboni p e dai relativi idrogeni;
- PSA (*Polar Surface Area*): è la porzione della superficie molecolare occupata da atomi di azoto, ossigeno e zolfo; questo descrittore è in stretta relazione con la capacità del composto in esame di formare legami a idrogeno; quando la PSA è calcolata come somma di contributi atomici a partire dalla struttura 2D della molecola si parla di TPSA (*Topological Polar Surface Area*);
- WPSA (*Weakly* PSA): componente della SASA associata ad atomi di zolfo, fosforo e alogeni; viene calcolata l'area superficiale occupata dagli atomi di zolfo, fosforo e dagli alogeni.

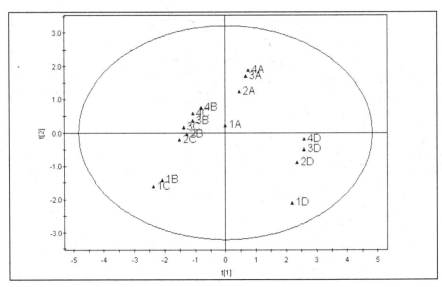

Fig. 3.8a. *Score plot* t1/t2

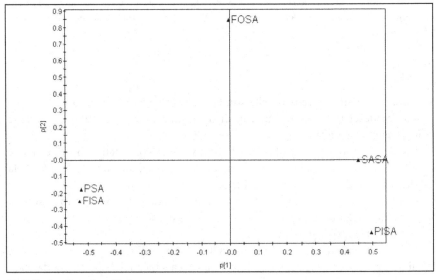

Fig. 3.8b. *Loading plot* p1/p2

Se si usano questi descrittori per la rappresentazione dei composti di Figura 3.3 si ottengono i *plot* di Figura 3.8. Si può notare come le 4 classi di composti vengano distinte fra loro. In particolare, si può notare come SASA e PISA siano elevati per i benzeni monosostituiti mentre FOSA aumenti nell'ordine 1, 2, 3, 4 per i quattro scheletri.

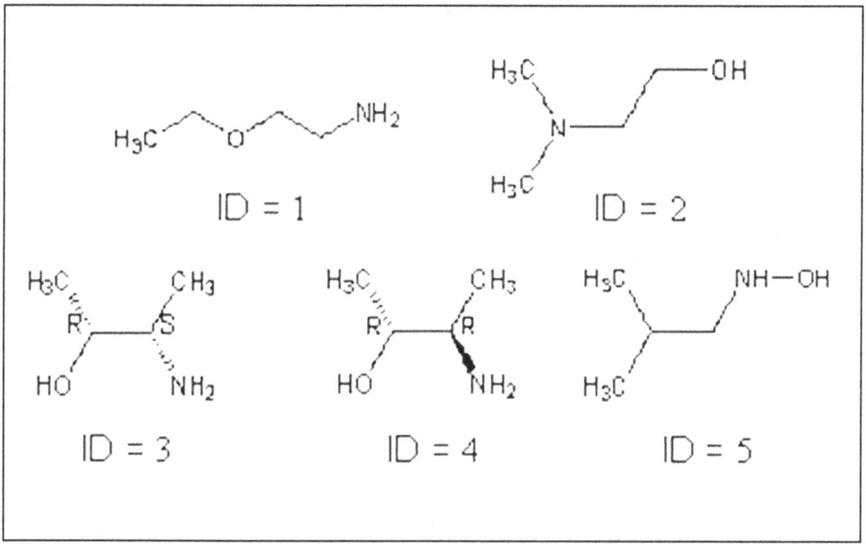

Fig. 3.9. Strutture molecolari dei composti considerati. Tutti i composti hanno la stessa formula chimica $C_4H_{11}NO$. I composti 3 e 4 sono diastereoisomeri

Descrittori WHIM (Weighted Holistic Invariant Molecular descriptors)

Questa famiglia di descrittori 3D è molto interessante sia da un punto di vista teorico che applicativo. Si tratta di descrittori di tipo olistico, che condensano cioè informazioni dell'intera struttura molecolare in un unico numero reale. Le proprietà di forma e di simmetria, la dimensione e la distribuzione degli atomi sono, infatti, riassunte in pochi indici numerici grazie a questi descrittori. La loro costruzione è piuttosto semplice: si parte dalle coordinate cartesiane degli atomi della struttura molecolare che vengono centrate sul loro valore medio. Si costruisce poi una matrice di covarianza a partire dalle coordinate centrate e pesate per opportune proprietà atomiche. La matrice è poi sottoposta ad analisi PCA al fine di trovare le sue 3 componenti principali. I tre vettori di *score* sono poi usati per la costruzione di vari indici che producono i descrittori WHIM. Questa famiglia di descrittori è stata usata con successo nello studio di proprietà chimico-fisiche, dell'interazione fra substrato-recettore e di proprietà tossicologiche.

L'esempio che segue permetterà di vedere come i descrittori WHIM permettano di distinguere le strutture molecolari riportate in Figura 3.9.

Tutte le strutture sono caratterizzate dalla stessa formula bruta $C_4H_{11}NO$. I composti 3 e 4 risultano diastereoisomeri. Le strutture molecolari sono state prima ottimizzate da un punto di vista geometrico cercando il conformero più stabile mediante meccanica molecolare (*force field* MMFF, Spartan '06, Wavefunction Inc.) e poi descritte usando i descrittori di tipo WHIM. Un

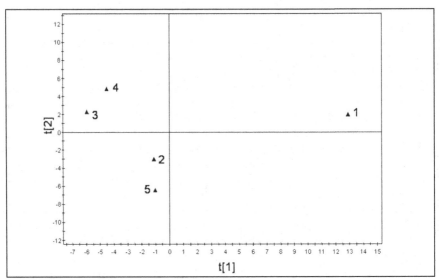

Fig. 3.10. L'uso dei descrittori WHIM permette di distinguere i diastereoisomeri 3 e 4 come appare dallo *score plot*

modello PCA ottenuto scalando i descrittori per la deviazione standard e centrandoli rispetto alla media ha prodotto lo *score plot* di Figura 3.10.

Si possono notare 3 raggruppamenti: il primo formato dai composti 2 e 5, il secondo da 3 e 4 mentre 1 appare più isolato. La rappresentazione geometrica permette di distinguere i due stereoisomeri, cosa non possibile se si usano descrittori di tipo 2D che guardano alla sola connettività fra gli atomi. Poiché in generale i composti 3 e 4 hanno proprietà chimico-fisico-biologiche diverse, la rappresentazione mediante descrittori 2D non risulterà capace di evidenziarne le differenze nel comportamento, mentre lo permetterà la descrizione mediante descrittori 3D. I descrittori basati sulla superficie non sono così sensibili alla stereochimica dei composti come i descrittori WHIM.

Descrittori EVA (EigenVAlue)

I descrittori di tipo EVA sono descrittori di tipo 3D rappresentati da vettori costruiti a partire dagli autovalori di un'opportuna matrice che indica particolari proprietà del composto molecolare in esame. Quando la matrice è la matrice hessiana dell'energia associata alla struttura molecolare, il descrittore EVA generato appare molto simile a uno spettro di tipo IR o Raman. I descrittori di questo tipo contengono importanti informazioni strutturali e sono in grado di discriminare conformazioni e stereoisomeri.

Descrittori derivati da tecniche spettroscopiche: approccio QSDAR (Quantitative Spectrometric Data-Activity Relationships)

Alla fine del secolo scorso fu proposto da Miller, Lay, Wilkes e Beger di utilizzare spettri sperimentali, in particolare derivanti dalle tecniche 1D-2D NMR, per lo studio delle relazioni fra composti chimici e attività biologiche. Seguirono numerose pubblicazioni in cui venne dimostrata l'efficacia di questo approccio che prese il nome di *Quantitative Spectrometric Data-Activity Relationship* (QSDAR) per distinguerlo dal tradizionale QSAR in cui i descrittori molecolari sono generati secondo le strategie appena descritte. Una variazione al QSDAR originale che usa spettri sperimentali è quella di utilizzare spettri predetti mediante appositi strumenti di calcolo che permettono di ottenere spettri privi di rumore mantenendo un contenuto informativo molto simile agli analoghi sperimentali. Il vantaggio di usare spettri sperimentali o predetti come fonte per generare descrittori risiede nel fatto che lo spettro contiene in modo utile informazioni relative allo stato del composto in studio, in un ambiente molto simile a quello in cui l'azione biologica viene svolta. In particolare, viene tenuto in considerazione sia l'effetto del solvente che quello dovuto alla distribuzione conformazionale. Esistono anche grossi vantaggi da un punto di vista interpretativo: le variabili che maggiormente hanno peso nella spiegazione di un dato comportamento, infatti, possono essere facilmente riferite a gruppi funzionali o all'effetto dell'intorno chimico sul centro considerato.

Analisi della matrice dei descrittori

La traduzione in forma di numero delle proprietà molecolari ottenuta mediante i descrittori permette di rappresentare l'insieme dei composti in studio sotto forma di matrice. Ciascuna riga rappresenterà un composto mentre le colonne rappresenteranno i descrittori. Ciò permette di applicare gli strumenti del *Design of Experiment* visti nel capitolo 1 per la selezione dei composti più interessanti da utilizzare per costruire i modelli. Questi composti costituiscono il cosiddetto *training set*. I composti non selezionati potranno essere usati per validare il modello e costituiranno il *test set*. Le tecniche usate più frequentemente sono quelle derivate dall'approccio *D-optimal* con l'eventuale utilizzo della suddivisione in strati dell'*Onion design*. Di solito queste tecniche non si applicano direttamente alla matrice dei descrittori che può contenere centinaia o migliaia di variabili, ma alla matrice degli *score* di un suo modello PCA (solitamente si genera un numero di componenti che spieghi l'80-90% della varianza totale). La matrice dei descrittori è anche utile per mettere in evidenza potenziali *outlier*, composti cioè particolarmente diversi dagli altri per i quali è da ipotizzare un differente meccanismo di azione e che, pertanto, non possono essere inclusi nel modello.

Sebbene le tecniche di analisi usate per la costruzione dei modelli possano operare in modo efficiente su insiemi di dati aventi numerose variabili, quello che si riscontra nella pratica è che una riduzione della dimensionalità del problema di solito migliora le qualità dei modelli. In particolare, la riduzione delle variabili della matrice dei descrittori può migliorare la robustezza del modello, ridurre l'incertezza sui coefficienti e migliorare l'interpretabilità del modello stesso. D'altra parte, la riduzione del numero delle variabili può causare una più difficile individuazione degli *outlier*. Saranno presentate in questo paragrafo solo alcune semplici strategie per la selezione delle variabili.

La strategia più semplice è quella di eliminare le variabili mal fatte sulla base di un qualche criterio. Ad esempio, descrittori mal fatti possono essere quelli che contengono molti valori identici fra loro per le diverse strutture. Di solito nel caso di modelli di regressione vengono eliminati tutti quei descrittori che contengono più del 90% di valori identici. Un altro criterio può essere basato sulla correlazione con la proprietà da modellare. Per modelli lineari, variabili che correlano molto poco con la variabile dipendente non porteranno contributo al modello e potranno essere eliminate. Anche l'eliminazione di una variabile che correla molto con una seconda variabile non comporterà una grossa perdita per il modello. Un semplice filtro che si basa su queste considerazioni e che sarà usato in questo capitolo può essere costruito nel seguente modo. Si seleziona il descrittore avente il quadrato della correlazione con la proprietà di interesse più elevato e si eliminano tutti quei descrittori che correlano con esso oltre una certa soglia (di solito 0,80-0,90) del quadrato della correlazione. Si seleziona fra i descrittori non eliminati il secondo descrittore avente il quadrato della correlazione con la proprietà da modellare più elevato e si eliminano tutti i descrittori che correlano con esso oltre la soglia fissata. Si ripete l'operazione fino a filtrare tutti i descrittori.

Un altro modo per diminuire la dimensionalità del problema è quello di costruire modelli usando come variabili gli *score* di modelli PCA o PLS costruiti con il *dataset* da ridurre. Di solito bastano 2 o 3 componenti principali per ottenere modelli soddisfacenti capaci di mantenere le caratteristiche del sistema non ridotto. Questo approccio non elimina direttamente le variabili, ma ne pesa fortemente l'azione sul modello.

Una tecnica molto usata per la selezione delle variabili è quella che fa uso di algoritmi genetici. La metadinamica che opera la selezione dei descrittori utili è guidata da una funzione di *fitness* basata sulle proprietà del modello di regressione, di solito il Q^2, che si origina una volta selezionato un certo sottogruppo contenente un numero fissato di descrittori del *dataset* non ridotto. Un'approfondita discussione di questo approccio può essere trovata nell'articolo (Leardi e Gonzalez 1998). Quando si lavora con tecniche di proiezione, una strategia per selezionare i descrittori è fornita in modo naturale dall'analisi dei pesi usati per la costruzione degli *score*. Infatti, più il peso di una variabile è elevato, più quella variabile avrà effetto nel modello. Viceversa, più il peso si avvicina a zero, più la variabile risulterà ininfluente e, quindi, potrà essere esclusa. Un parametro utile per la selezione risulta pertanto il VIP (*Variable Importance in the Projection*) definito nel Capitolo 2: fissata una soglia limite, di solito 1,0 oppure 0,80, si eliminano dal modello costruito tutti i descrittori aventi un VIP inferiore e si calcola un nuovo modello. Generalmente, questa modalità di selezione migliora le qualità dei modelli in termini di Q^2 rendendo più robusto il modello in predizione.

Tecniche multivariate per la costruzione dei modelli

Esistono varie tecniche matematico-statistiche che sono state impiegate con successo nella costruzione di modelli QSA(P)R. La loro caratteristica principale è la capacità di poter operare su matrici di descrittori di elevate dimensioni che presentano correlazioni fra le variabili e un numero di righe di solito molto inferiore al numero delle colonne. In alcuni casi possono essere presenti dati mancanti e la tecnica di analisi deve poter affrontare anche questo problema.

Le tecniche proiettive descritte nel Capitolo 2, in particolare PLS e PLS-DA, soddisfano questi requisiti e permettono la costruzione di modelli lineari che hanno una forma facilmente interpretabile in termini di coefficienti di regressione oppure di pesi nella proiezione. Tuttavia, con esse è difficile studiare sistemi non lineari. Per questo motivo saranno introdotte in questo paragrafo le reti neurali artificiali che sono molto efficienti nella costruzione di modelli altamente predittivi. Quando si studiano le attività biologiche o tossicologiche molto spesso il responso è attivo o non attivo. Per questo tipo di responso è possibile costruire con facilità modelli di classificazione molto efficienti usando il classificatore naïve bayesiano oppure la partizione ricorsiva, tecniche anch'esse descritte in questo paragrafo.

Reti neurali artificiali (*Artificial Neural Networks*)

Una rete neurale artificiale (ANN) è una struttura costituita da unità semplici, i neuroni, capaci di compiere operazioni elementari. I neuroni sono collegati gli uni agli altri mediante una rete di connessioni capaci di trasmettere il segnale elaborato da un neurone agli altri a cui è connesso. Il neurone riceve una informazione in entrata, la elabora e poi lancia un nuovo segnale nella rete che è captato e analizzato dallo strato successivo di neuroni. Le proprietà di trasmissione delle connessioni non sono note a priori ma vengono determinate durante la fase di apprendimento della rete. A seconda del problema in esame la rete è capace di adattarsi modificando opportunamente le caratteristiche di queste connessioni al fine di rispondere alle richieste dello studio.

Le reti neurali sono strutture non lineari e permettono di mettere in relazione i descrittori e le proprietà di interesse mediante relazioni complesse che molto spesso le funzioni analitiche non riescono a rappresentare. Inoltre, possono essere usate per riconoscere particolari strutture a *cluster* all'interno dello spazio molecolare. Esistono principalmente due tipi di strategie di apprendimento per le reti neurali usate in chimica: la modalità *unsupervised* e quella *supervised*. La prima strategia, impiegata per esempio nel riconoscimento di strutture a *cluster* in un certo *dataset*, permette alla rete di adattarsi utilizzando solo l'informazione contenuta nei descrittori. Un esempio sono le reti proposte da Kohonen per la classificazione di oggetti. L'apprendimento *supervised*, invece, prevede l'utilizzo sia dei descrittori che dei responsi contenuti nell'insieme di dati destinati all'addestramento. Le connessioni vengono adattate in modo tale che la rete, una volta noti i descrittori, possa mimare al meglio le proprietà in studio. Una volta addestrata, la rete può essere utilizzata per predire nuovi composti. Questo tipo di metodologia permette di affrontare problemi di regressione o di classificazione. Occorre, tuttavia, una buona esperienza nell'uso corretto del metodo e un'attenta selezione dell'insieme per l'addestramento nel caso di apprendimento *supervised*. I modelli costruiti sono di solito molto efficienti ma appaiono come scatole nere. A differenza di un approccio algoritmico che permette di seguire ogni singolo passo che ha condotto al risultato, per una rete neurale non è possibile spiegare perché e come il risultato sia stato prodotto. Inoltre, non esistono teoremi o modelli che permettano di definire la rete ottimale per cui molto è lasciato all'esperienza dell'utilizzatore.

Classificatore naïve bayesiano

Un classificatore è uno strumento capace di classificare oggetti sulla base della loro rappresentazione. Il classificatore naïve bayesiano è costruito a partire da un insieme di oggetti di classe nota che viene usato per istruire il classificatore. Il termine naïve deriva dall'assunzione fondamentale sottostante la tecnica: ciascuna variabile descrittiva dell'oggetto deve risultare indipendente dalle altre in termini della probabilità condizionale che associa le variabili alla classe e non devono esistere variabili che influenzano la classificazione non specificate da quelle usate. Una volta addestrato il classificatore, è possibile calcolare la probabilità che un oggetto appartenga a ciascuna delle possibili classi. Quella che presenterà la probabilità più elevata sarà la classe di appartenenza dell'oggetto. Si osserva che il classificatore naïve bayesiano funziona bene anche quando le variabili descrittive usate non producono una completa indipendenza. Il numero di variabili deve, però, essere inferiore al numero delle osservazioni. Molto spesso si usano gli *score* di un modello PCA per ridurre la dimensionalità del problema al fine di poter applicare questa tecnica anche a sistemi descritti da un numero elevato di descrittori. Questa metodologia può essere usata per introdurre una descrizione probabilistica all'interno dell'analisi discriminante realizzata con metodi proiettivi.

Partizione ricorsiva (*Recursive Partitioning*)

Questa tecnica è molto semplice da implementare e molto efficiente. Di solito è usata quando la proprietà in studio è di tipo dicotomico, ad esempio del tipo attivo o non attivo, oppure tossico o non tossico. Una volta scelta un'opportuna rappresentazione mediante i descrittori molecolari, l'insieme dei composti viene suddiviso in due gruppi sulla base del valore di soglia del descrittore che meglio suddivide l'insieme in termini del t-*test* della statistica classica. Dopo la prima suddivisione del gruppo dei composti in esame, si può procedere allo stesso modo ripartendo ciascun sottogruppo fino a ottenere una decomposizione ad albero significativa da un punto di vista statistico.

Il termine del processo di ripartizione può essere stabilito scegliendo un opportuno valore limite per *t* al di sotto del quale la decomposizione ottenuta con qualsiasi descrittore è ritenuta non significativa oppure stabilendo un numero minimo di composti per sottogruppo. Ciò che si ottiene è una serie di regole che permette di collocare un composto in uno dei sottogruppi posti alla fine dei rami del grafo attribuendo la probabilità di avere un dato responso sulla base della frazione di composti attivi o non attivi presenti in quel sottogruppo.

Applicazioni

Saranno di seguito presentati due studi particolarmente interessanti che riguardano l'ambito medico. Si inizierà con un esempio introduttivo relativo alla permeabilità della barriera emato-encefalica in cui sarà mostrato come selezionare un insieme di composti adatto per costruire il modello per poi affrontare uno studio più esteso e articolato relativo all'inibizione del canale hERG in cui saranno generati modelli indipendenti a partire da diverse descrizioni dello spazio molecolare. I modelli proiettivi saranno costruiti usando la piattaforma SIMCA P+ 12 (Umetrics AB) mentre la tecnica *Onion D-Optimal design* sarà applicata utilizzando il software MODDE 8 (Umetrics AB).

Studio della permeabilità della barriera emato-encefalica

La barriera emato-encefalica è una struttura a membrane piuttosto complessa che regola il passaggio dei composti chimici dal plasma al sistema nervoso centrale. È una barriera molto selettiva. Quando si progetta un farmaco che deve agire sul sistema nervoso centrale, esso deve attraversare la barriera. Se il farmaco deve agire su altri sistemi, invece, esso non la deve attraversare, così da evitare effetti secondari indesiderati. Il passaggio può essere passivo oppure mediato da particolari sistemi proteici, come le P-glicoproteine. L'entità della permeabilità può essere definita mediante la misura *in vivo* di parametri cinetici, cioè la costante di permeabilità, oppure ricorrendo a grandezze di equilibrio, la costante di distribuzione plasma-cervello. In questo studio si userà quest'ultimo parametro, definito come il logaritmo del coefficiente di ripartizione per il composto di interesse fra cervello e plasma secondo:

$$logBB = log_{10} \frac{C_{cervello}}{C_{plasma}}$$

dove C_i è la concentrazione del composto misurata nella fase *i*.

I dati di logBB utilizzati sono stati estratti dall'articolo (Rose e Hall 2002). Si tratta di misure relative a 23 composti di tipo *drug-like* (termine inglese che indica composti aventi struttura chimica molto simile a quella di farmaci noti) effettuate su ratti estraendo campioni di plasma e di liquido cerebrale *in vivo*. Per ciascun campione è stata determinata la concentrazione del composto. Le misure sono molto costose e deve trascorrere un lungo intervallo di tempo dopo la somministrazione del composto nell'animale per estrarre il plasma e il liquido cerebrale e garantire l'equilibrio fra le due fasi. Risulta pertanto molto importante avere modelli in silico per la predizione di questa proprietà capaci di sostituire i *test in vivo*.

In Tabella 3.2 sono riportati il nome del composto, il valore dei descrittori molecolari usati e il valore sperimentale di logBB.

Si è scelto di rappresentare i composti chimici usando quali descrittori la TPSA (*Topological Polar Surface Area*), il numero di legami rotabili (FRB) e la lipofilia (logP$_{o/w}$). Tali grandezze sono state calcolate a partire dalla rappresentazione bidimensionale di ciascun composto usando il software ACD/Phys-Chem 12.00 (Advanced Chemistry Development Inc.). La TPSA indica il grado di polarità della superficie molecolare. Il suo valore è legato alla quantità di atomi polari, tipicamente azoto e ossigeno, che sono presenti nella molecola. La polarità di una struttura è un indice della tendenza del composto a interagire con il suo intorno via legami di carattere polare e specificherà, quindi, la tendenza del composto a preferire un solvente acquoso, con il quale può formare legami polari, piuttosto che uno organico, con il quale non li può formare. In modo del tutto analogo la lipofilia indica la tendenza del composto a distribuirsi nella fase organica piuttosto che in quella acquosa e, come la TPSA, avrà un valore in stretta relazione con la capacità di superamento o meno della barriera emato-encefalica da parte del composto. Il numero di legami rotabili specifica, invece, la flessibilità della struttura molecolare. Anche questo è un parametro importante per determinare la permeabilità di un composto in quanto il

Tabella 3.2. Nome dei composti, loro descrittori e dati di logBB

Nome	TPSA	FRB	$logP_{o/w}$	logBB
didanosina	88,74	3	-1,43	-1,301
acido salicilico	57,53	2	2,01	-1,100
acido acetilsalicilico	63,60	3	1,40	-0,500
p-acetomidofenolo	49,33	2	0,48	-0,310
teofillina	69,30	0	-0,02	-0,290
tioperamide	76,04	2	1,87	-0,160
carbamazepina	46,33	0	1,89	-0,140
antipirine	23,55	1	0,44	-0,097
caffeina	58,44	0	-0,63	-0,055
nevirapina	58,12	1	2,64	0,000
alprazolam	43,07	1	1,92	0,044
fisostigmina	44,81	2	1,27	0,079
clonidina	36,42	1	2,36	0,110
midazolam	30,18	1	3,80	0,360
mepiramina	28,60	7	2,67	0,490
amitriptillina	3,24	3	4,41	0,886
fenserina	44,81	3	2,55	1,000
clorpromazina	31,78	4	5,18	1,060
imipramina	6,48	4	4,35	1,070
desipramina	15,27	4	3,97	1,200
promazina	31,78	4	4,69	1,230
trifluoperazina	35,02	4	4,62	1,440
toluene	0,00	0	2,72	0,370

processo di permeazione passiva è favorito da un certo grado di flessibilità strutturale, ma ostacolato da un'elevata flessibilità. I descrittori scelti sono descrittori comunemente utilizzati per lo studio di proprietà legate alla ripartizione di composti fra due fasi.

Il primo passo nella costruzione di un modello è lo studio del *dataset* a disposizione e la successiva selezione del *training set*. La composizione del *training set* influenzerà la qualità del modello QSAR che si genera e richiede quindi molta attenzione. Il *training set* ideale deve contenere informazioni non ridondanti, essere omogeneo e presentare una buona diversità. Informazioni ridon-

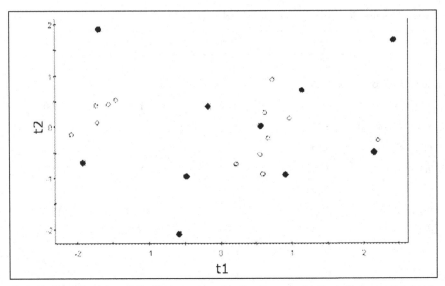

Fig. 3.11. *Score plot* del modello PCA: sono stati indicati con cerchi pieni gli elementi del *training set* mentre con cerchi vuoti quelli del *test set*

danti derivano da strutture simili fra loro o con un simile valore della proprietà che si sta modellando e viene evitata scegliendo strutture il più possibile diverse fra loro. L'omogeneità viene ottenuta eliminando gli *outlier*, molecole cioè strutturalmente molto diverse da tutte le altre e per le quali si suppone esista una relazione diversa tra i descrittori e la proprietà in esame. La diversità è legata sia alle strutture che, come già detto, non devono portare le informazioni ridondanti, sia alla proprietà da modellare, che deve presentare una variabilità tale da permettere l'applicazione della tecnica statistica scelta. Tale variabilità dipende dall'approccio statistico usato. Gli *outlier* vengono identificati solitamente tramite un'analisi PCA sui soli descrittori molecolari. Con i dati di Tabella 3.2 è stato costruito un modello PCA scalando le variabili sulla loro deviazione standard e usando una centratura sulla media avente due componenti e R^2=0,91. Usando una soglia di confidenza del 95% nel T2 *test* di Hotelling non sono stati rilevati forti *outlier*. Al fine di selezionare i composti più rappresentativi dell'insieme dei composti in studio, è stato campionato lo spazio molecolare rappresentato dai due vettori di *score* del modello appena costruito mediante la tecnica *Onion D-Optimal design*. I 10 composti selezionati, usando due livelli (indicati come cerchi pieni nello *score plot* di Figura 3.11), costituiranno il *training set*, mentre i restanti 13 (cerchi vuoti in Figura 3.11) il *test set*. Si può notare come la nube di punti che rappresenta l'insieme dei composti sia stata campionata in modo omogeneo.

Una volta messo a punto il *training set* si passa alla fase di generazione del modello. I composti appartenenti al *training set* sono stati usati per costruire un modello di regressione PLS. I descrittori sono stati scalati rispetto la deviazione standard centrandoli sul valore medio. Il modello ha presentato 1 componente principale, $R^2=0,71$, $Q^2=0,42$. Di seguito è riportata l'equazione del modello:

$$logBB = 0,16 \, logP_{o/w} - 0,0097 \, TPSA + 0,030 \, FRB + 0,19$$

Come si vede, all'aumentare della lipofilia aumenta la tendenza di un composto ad attraversare la barriera emato-encefalica, mentre all'aumentare del carattere polare della molecola tale tendenza diminuisce. Molecole con forti gruppi polari tenderanno a rimanere, infatti, nella fase acquosa, cioè nel plasma, mentre composti fortemente lipofili tenderanno a passare nel cervello, un ambiente meno polare. Il descrittore FRB è pressoché ininfluente per questo particolare *training set*, come può essere dimostrato sulla base del suo peso nel modello (meno di un quarto degli altri), e potrebbe essere eliminato al fine di semplificare il modello; così facendo si otterrebbe un modello avente $R^2=0,70$ e $Q^2=0,52$. Tutti gli elementi del *test set* risultano appartenere al dominio di applicabilità del modello e saranno usati per la fase di validazione. In questo studio, l'errore in calcolo è risultato SDEC = 0,35 mentre quello in predizione SDEP = 0,44. Come regola generale, l'errore in predizione non dovrebbe mai superare il doppio dell'errore in calcolo. Per proprietà come logBB gli errori in predizione di questa entità sono comuni e in parte dovuti all'incertezza dei dati sperimentali che vengono utilizzati per la generazione del modello.

Costruzione di modelli indipendenti per la predizione della inibizione hERG

Il canale ionico al potassio costituito dalla proteina codificata dal gene hERG (*human Ether-à-go-go Related Gene*) è noto per il suo contributo all'attività elettrica del muscolo cardiaco. Il canale stesso è spesso indicato come canale hERG. Quando la sua capacità di condurre corrente elettrica è compromessa o inibita, ad esempio per azione di composti chimici oppure come conseguenza di rare mutazioni genetiche, può verificarsi una grave disfunzione detta sindrome da QT lungo che può portare all'infarto cardiaco. Un certo numero di farmaci utilizzati con successo in ambito clinico hanno presentato come effetto secondario la tendenza a inibire la funzionalità del canale con il rischio di provocare la sindrome da QT lungo e sono stati per questo motivo ritirati dal mercato. Attualmente l'interazione con il canale hERG è uno degli effetti collaterali non voluti in un farmaco e quindi già nella fase di progettazione di un nuovo farmaco si tiene conto delle possibili interazioni delle molecole con il canale hERG. I *test* sperimentali sono molto costosi, quindi la disponibilità di uno o più modelli in silico attendibili per la predizione di questa attività risulta importante nel processo di *drug design*.

I modelli descritti di seguito sono stati costruiti a partire dai dati sperimentali di pIC$_{50}$ presentati nell'articolo (Fioravanzo et al,. 2005). Sono stati considerati 62 composti tutti di tipo *drug-like*, alcuni dei quali sono farmaci di uso clinico. In Tabella 3.3 sono riportati i nomi dei composti e i dati relativi all'inibizione hERG.

Tabella 3.3. Nome dei composti e loro dati di inibizione hERG

Nome	pIC50	Inibizione	Nome	pIC50	Inibizione
A56268	4,5	i	ibutilide	8,0	a
alosetron	5,5	a	imipramine	5,5	a
amiodarone	5,0	i	ketoconazole	5,7	a
amitriptyline	5,0	i	levofloxacin	3,0	i
astemizole	8,0	a	loratadine	6,8	a
azimilide	5,9	a	mefloquine	5,3	a
bepridil	6,3	a	mesoridazine	6,5	a
carvediol	4,9	i	mibefradil	5,8	a
cetirizine	4,5	i	mizolastine	6,4	a
chlorpheniramine	4,7	i	moxifloxacin	3,9	i
chlorpromazine	5,8	a	nicotine	3,6	i
ciprofloxacin	3,0	i	nifedipine	4,3	i
cisapride	7,4	a	nitrendipine	5,0	i
citalopram	5,4	a	norastemizole	7,6	a
clozapine	6,5	a	norclozapine	5,4	a
cocaina	5,1	a	olanzapine	6,7	a
desipramine	5,9	a	ondansetron	6,1	a
diltiazem	4,8	i	perhexiline	5,1	a
diphenhydramine	4,6	i	pimozide	7,3	a
disopyramide	4,0	i	quinidine	6,5	a
dofetilide	8,0	a	risperidone	6,8	a
dolasetron	4,9	i	sertindole	8,0	a
droperidol	7,5	a	sildenafil	5,5	a
E-4031	7,7	a	sparfloxacin	4,7	i
epinastine	4.0	i	terfenadine	6,7	a
flecainide	5.4	a	terikalant	6,6	a
fluoxetine	5.8	a	thioridazine	6,4	a
gatifloxacin	3,9	i	trimethoprin	3,6	i
grepafloxacin	4,3	i	verapamil	6,9	a
halofantrine	6,7	a	vesnarinone	6,0	a
haloperidol	7,5	a	ziprasidone	6,9	a

La capacità di un composto di inibire una certa attività biologica viene comunemente espressa in termini di valore di IC_{50}. L'IC_{50} di un composto corrisponde alla concentrazione necessaria per ridurre della metà una data attività biologica realizzata da un certo sistema. Molto spesso i dati di IC_{50} sono convertiti in pIC_{50} mediante la trasformazione $-\log_{10}$ al fine di rendere lineari le relazioni con i descrittori. Maggiore è pIC_{50} più elevato è il potere di inibizione del composto. In questo studio, un composto è stato ritenuto attivo ("a" in Tabella 3.3) nella sua azione di inibizione se pIC_{50} è risultato maggiore di 5,0, inattivo ("i" in Tabella 3.3) in caso contrario.

È importante sottolineare che gli attuali *test* sperimentali per la determinazione dell'attività di una molecola nei confronti del canale hERG presentano un errore sperimentale che è dell'ordine dell'unità logaritmica, quindi i risultanti modelli QSAR generati a partire da questi dati potranno al massimo mostrare la stessa precisione, ma non potranno mai essere più precisi. Si ricorda inoltre che ai fini di diminuire il costo dei *test* sperimentali nell'ambito della progettazione di un farmaco, sono estremamente utili anche semplici modelli di classificazione in silico capaci di ridurre il numero di molecole che dovranno essere sottoposte ai *test* sperimentali.

Modelli che usano descrittori topologici e WHIM

Sono stati calcolati 119 descrittori topologici e 99 descrittori di tipo WHIM usando il software Dragon 5.5 (Talete srl). La geometria di equilibrio è stata determinata utilizzando MM e il campo di forza MMFF (Spartan '06, Wavefunction Inc.). Non è stato possibile ottenere modelli di classificazione soddisfacenti utilizzando questo tipo di descrizione, anche con tecniche di selezione delle variabili.

Modelli che usano descrittori 1D, di superficie e proprietà chimico-fisiche

Sono stati calcolati 34 descrittori molecolari fra cui PSA, FISA, FOSA, PISA e alcuni descrittori di tipo 1D usando QikProp 3.1110 (Schrödinger Inc.). Altri 13 descrittori fra cui ACD/logP e ACD/logS(*intrinsic*) e altri descrittori 1D sono stati calcolati mediante ACD/PhysChem 12.00 (Advanced Chemistry Development Inc.). Anche in questo caso la geometria di equilibrio è stata determinata mediante calcoli MM usando il campo di forza MMFF (Spartan '06, Wavefunction Inc.). Le variabili descrittive sono state filtrate eliminando tutti i descrittori che contengono più del 90% di valori identici ottenendo 37 variabili utili. Un modello PCA ottenuto scalando i descrittori rispetto alla deviazione standard e centrandoli sulla media (5 componenti, $R^2=0,71$, $Q^2=0,36$) ha messo in evidenza la presenza di 2 forti *outlier*. Questi due composti, perhexiline e A56268, sono stati esclusi dalle ulteriori analisi e si è proceduto considerando solo 60 composti. Lo spazio molecolare descritto dagli

Tabella 3.4. Matrici di confusione e parametri riassuntivi del modello che usa descrittori 1D, di superficie e proprietà chimico-fisiche

Training set				Test set			
	pred_i	pred_a			pred_i	pred_a	
i	9	4		i	6	1	
a	1	24		a	1	14	
accuratezza	sensibilità	K		accuratezza		sensibilità	K
0.86	0.96	0.69		0.93		0.93	0.79

score di un nuovo modello PCA (6 componenti, $R^2=0,77$) è stato campionato mediante *Onion D-optimal* design con 4 livelli. In questo modo è stato estratto un *training set* formato da 38 composti e un *test set* costituito dai rimanenti 22 composti.

Un filtro basato sul quadrato della correlazione con soglia massima di 0,90 per il quadrato della correlazione fra i descrittori e soglia minima di 0,01 per quella fra descrittore e attività ha permesso di selezionare 28 descrittori utili. Sono stati calcolati, poi, tutti i possibili modelli PLS-DA ottenibili con 3, 4 e 5 descrittori ottenendo come miglior modello quello che presenta i seguenti 4 descrittori:

• #noncon: numero di atomi di carbonio in anelli in cui non vi è coniugazione;
• glob: definito come $4\pi r^2/$ SASA essendo *r* il raggio di una sfera avente volume pari al volume molecolare; indica la globularità della molecola;
• #acid: numero di gruppi carbossilici;
• TPSA.

Il modello ha presentato due componenti, $R^2=0,48$ e $Q^2=0,34$ (per il modello che usa tutti i descrittori è risultato $Q^2=0,17$). Le componenti dei due vettori di *score* sono state usate per rappresentare il *dataset* al fine di costruire un modello di tipo Naïve Bayes (è stato usato il *software freeware* WEKA 3.4.11, Università di Waikato) che ha presentato le caratteristiche riportate in Tabella 3.4.

Il modello è risultato soddisfacente: le caratteristiche cambiano di poco fra calcolo e predizione e il coefficiente K di Cohen ha un valore buono.

Modelli che usano il descrittore EVA

È stato calcolato il descrittore EVA a partire dalle frequenze normali di vibrazione ottenute mediante metodo semiempirico AM1 applicato alla geometria di equilibrio determinata utilizzando MM e il campo di forza MMFF (Spartan '06, Wavefunction Inc.). È stata impiegata una deviazione standard costante pari a 10 cm^{-1} per le gaussiane, mentre lo spazio proiettivo da 0 a 4000 cm^{-1} è stato campionato con un intervallo di 5 cm^{-1} ottenendo un descrittore EVA con

Tabella 3.5. Matrici di confusione e parametri riassuntivi del modello che usa il descrittore EVA

Training set				Test set		
	pred_i	pred_a			pred_i	pred_a
i	12	1		i	7	0
a	0	26		a	0	14
accuratezza	sensibilità	K		accuratezza	sensibilità	K
0.96	1,00	0,94		1,00	1,00	1,00

801 componenti (il descrittore è stato calcolato mediante un'opportuna routine scritta in FORTRAN 77 proprietaria di S-IN). Le variabili descrittive sono, poi, state filtrate eliminando tutte le variabili che contengono più del 90% di valori nulli ottenendo 514 variabili utili. Un modello PCA con centratura rispetto alla media ha presentato 7 componenti, $R^2=0,71$ e $Q^2=0,49$ e ha messo in evidenza la presenza di 2 forti *outlier*. Questi due composti, perhexiline e A56268, sono stati esclusi dalle ulteriori analisi e si è proceduto così, considerando solo 60 composti. Lo spazio molecolare descritto dagli *score* di un nuovo modello PCA (9 componenti, $R^2=0,67$) è stato campionato mediante *Onion D-optimal design* con 3 livelli. In questo modo è stato estratto un *training set* formato da 39 composti e un *test set* costituito dai rimanenti 21 composti. Il modello di classificazione di tipo PLS-DA ottenuto utilizzando le 514 variabili descrittive ha presentato 2 componenti, $R^2=0,77$ e $Q^2=0,26$. Per stabilizzare il modello, sono state escluse tutte le variabili aventi VIP < 1,0. Il nuovo modello PLS-DA ottenuto con le 188 variabili selezionate è risultato avere 2 componenti, $R^2=0,78$ e $Q^2=0,63$. Le componenti dei due vettori di *score* sono state usate per rappresentare il *dataset* al fine di costruire un modello di tipo Naïve Bayes (è stato usato il *software freeware* WEKA 3.4.11, Università di Waikato) che ha presentato le caratteristiche riportate in Tabella 3.5.

Il modello di classificazione ottenuto è il migliore fra quelli proposti.

Modelli che usano descrittori frammentali

A scopo dimostrativo saranno considerati descrittori di tipo frammentale prodotti mediante un opportuno schema di frammentazione a catena. Lo schema di frammentazione è stato implementato utilizzando il *software* Algorithm Builder 1.8 (Pharma Algorithms Inc.). Sono state generate tutte le catene aventi 4 e 5 atomi non distinguendo fra loro gli alogeni e differenziando i carboni sulla base del solo carattere aromatico o alifatico. Solo le catene presenti in almeno 6 strutture molecolari sono state ritenute utili. Il numero di descrittori ottenuti è risultato 174. I composti perhexiline e A56268 sono stati esclusi dall'analisi in quanto *outlier* nei precedenti modelli. Un modello ottenuto

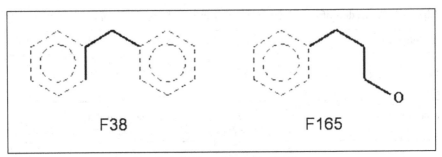

Fig. 3.12. Frammenti coinvolti nella inibizione del canale hERG

mediante partizione ricorsiva ha messo in evidenza che vi sono due particolari frammenti (Figura 3.12) che giocano un ruolo chiave nell'inibizione del canale hERG.

I composti che contengono più di due frammenti di tipo F165 sono risultati tutti inattivi. Si può osservare che questi composti contengono almeno un gruppo carbossilico. Questo è in accordo con il ruolo chiave del descrittore #acid emerso nel modello che usa descrittori 1D, di superficie e proprietà chimico-fisiche. Quei composti che contengono meno di due frammenti F165 e non contengono il frammento F38 sono risultati per il 90% attivi, mentre se contengono almeno un frammento F38 sono per il 67% inattivi.

Osservazioni

La tecnica *Onion D-optimal design* usata per campionare lo spazio latente ottenuto mediante PCA si è dimostrata molto efficiente nel selezionare *training set* e *test set* ben bilanciati. Al variare della descrizione del *dataset*, i composti per-hexiline e A56268 sono sempre risultati forti *outlier*.

I descrittori topologici e WHIM non hanno permesso di generare modelli soddisfacenti. Il descrittore EVA, se da un lato consente la costruzione di modelli robusti dall'altro non permette una chiara e diretta interpretazione dell'attività in studio in termini di elementi strutturali.

L'approccio di tipo frammentale, invece, ha permesso di evidenziare particolari unità strutturali strettamente legate alla inibizione. Quando si hanno a disposizione diversi modelli di classificazione ottenuti a partire da rappresentazioni fra loro indipendenti, si ricorre molto spesso alla tecnica del consenso. Dato un nuovo composto, si predice la classe di appartenenza (per esempio la classe attivo o inattivo) usando tutti i modelli a disposizione. Se un numero fissato (ad esempio la metà più uno) di modelli porta allo stesso responso, quella sarà la classe da attribuire al composto. La classificazione che ne risulta ha molto spesso caratteristiche in selettività, accuratezza e di errore migliori rispetto ai singoli modelli considerati separatamente.

Letture consigliate

Beger R, Buzatu DA, Wilkes J, Lay J Jr (2001) 13C NMR Quantitative Spectrometric Data-Activity Relationship (QSDAR) models to the aromatase enzyme. J Chem Inf Comput Sci 41:1360-1366

Connolly ML (1983) Analytical molecular surface calculation. J Appl Crystallogr 16:548-558

Ferguson AM, Heritage TW, Jonathon P, Pack SE, Phillips L, Rogan J, Snaith PJ (1997) EVA: A new theoretically based molecular descriptor for use in QSAR/QSPR analysis. J Comput-Aided Molec Des 11:143-152

Fioravanzo E, Cazzolla N, Durando L, Ferrari C, Mabilia M, Ombrato R, Marco Parenti D (2005) General and independent approaches to predict hERG affinity values. Internet Electron J Mol Des 4:625–646

Japertas P, Didziapetris R, Petrauskas A (2003) Fragmental methods in the analysis of biological activities of diverse compound sets. Mini Reviews in Medicinal Chemistry 3:797-808

Kubinyi H ed. (1993) 3D QSAR in Drug Design: Theory, Methods and Applications. ESCOM, Science Publishers B.V., Leiden

Leardi R, Lupianez Gonzalez A (1998) Genetic Algorithms applied to feature selection in PLS regression: how and when to use them. Chemom Intell Lab Syst 41:195-207

Rose K, Hall LH, Kier LB (2002) Blood-Brain Barrier partitioning using the Electrotopological State J Chem Inf Comput Sci 42:651-666

Rusinko A III, Farmen MW, Lambert CG, Brown PL, Young SS (1999) Analysis of a large Structure/Biological Activity data set using Recursive Partitioning. J Chem Inf Comp Sci 39: 1017-1026

Todeschini R, Consonni V (2000) Handbook of Molecular Descriptors. Wiley-VCH, Weinheim

Todeschini R, Lasagni M, Marengo E (1994) New molecular descriptors for 2-D and 3-D structures. Theory. J Chemom 8:263-273

Todeschini R, Moro G, Boggia R, Bonati L, Cosentino U, Lasagni M, Pitea D (1997) Modeling and prediction of molecular properties. Theory of grid-weighted holistic invariant molecular (G-WHIM) descriptors. Chemom Intell Lab Syst 36:65-73

Tuppurainen K, Viisas M, Laatikainen R, Peräkylä M (2002) Evaluation of a novel Electronic Eigenvalue (EEVA) molecular descriptor for QSAR/QSPR studies: validation using a benchmark steroid dataset. J Chem Inf Comput Sci 42:607-613

Zupan J, Gasteiger J (1999) Neural Networks in Chemistry and Drug Design, 2nd Edition. Wiley-VCH, Weinheim

CAPITOLO 4

Predittori di pKa, lipofilia e solubilità

Matteo Stocchero

Introduzione

L'attività biologica o tossicologica di un composto chimico può essere studiata servendosi di diversi descrittori molecolari. Fra questi rivestono una grande importanza le proprietà chimico-fisiche quali acidità, lipofilia e solubilità. Queste tre proprietà sono di facile interpretazione e risultano molto utili per la spiegazione di complessi fenomeni biologici in termini meccanicistici. La loro determinazione sperimentale richiede spesso tempi lunghi ed è quindi utile poter disporre di strumenti di calcolo in silico veloci e robusti in grado di stimare il valore di queste proprietà anche per composti non ancora sintetizzati. In questo capitolo saranno descritte alcune delle metodologie più utilizzate per la predizione in silico di queste tre proprietà. Una particolare attenzione sarà rivolta ai metodi che, grazie all'utilizzo di nuovi dati sperimentali, permettono l'addestramento dei predittori al fine di migliorarne l'accuratezza.

pKa di un composto chimico

La costante di ionizzazione di un acido, indicata con Ka, è una misura quantitativa della sua forza in soluzione. Quando un composto chimico viene disciolto in un solvente capace di scambiare ioni H^+, come ad esempio l'acqua, le molecole del soluto possono ionizzarsi perdendo o acquistando ioni H^+. Nel primo caso, il composto si comporterà da acido, mentre nel secondo caso da base. Questo scambio è regolato da un equilibrio termodinamico rappresentato da un'equazione che definisce la costante di ionizzazione Ka del composto acido nel solvente di interesse. Di seguito il solvente di riferimento sarà l'acqua. Dato un composto HA di tipo acido all'equilibrio, si avrà:

$$HA + H_2O = A^- + H_3O^+$$

Le specie chimiche HA, A⁻ e H_3O^+ sono dette essere in equilibrio quando la loro concentrazione, o più precisamente la loro attività, non varia più nel tempo. Poiché la concentrazione del solvente H_2O può essere ritenuta costante in ogni instante, la costante di ionizzazione viene definita come il rapporto tra il prodotto della concentrazione C_{A^-} della specie deprotonata A⁻ e la concentrazione $C_{H_3O^+}$ della specie protonata H_3O^+ e la concentrazione C_{HA} della specie neutra HA misurate all'equilibrio:

$$Ka = \frac{C_{A^-}\, C_{H_3O^+}}{C_{HA}}$$

Dato che i valori misurati di Ka variano di diversi ordini di grandezza, si usa comunemente il valore di pKa (uguale a –logKa) per caratterizzare i valori della costante di ionizzazione acida.

Maggiore è la tendenza dell'acido a cedere protoni al solvente, maggiore è la forza dell'acido, minore è la pKa. Per acidi molto forti la pKa può risultare anche negativa. La conoscenza della pKa di un composto permette di determinare sia la quantità di specie ionizzata presente a un certo pH che quella della specie neutra permettendo di stimare, perciò, la frazione di specie interessante da un punto di vista biologico presente in soluzione in determinate condizioni.

Anche il comportamento di una base B viene studiato facendo riferimento a quello di una forma acida, il cosiddetto acido coniugato BH^+ che è la forma protonata della base. Un composto basico, infatti, acquistando un protone dall'acqua secondo l'equazione:

$$B + H_3O^+ = BH^+ + H_2O$$

diviene un acido che può cedere il protone nuovamente al solvente e che è caratterizzato dalla costante di ionizzazione:

$$Ka = \frac{C_B\, C_{H_3O^+}}{C_{BH^+}}$$

Più una base è forte, cioè tende ad acquistare protoni, più il suo acido coniugato sarà debole e la sua pKa elevata.

Il comportamento acido o basico di un composto è possibile grazie alla presenza di particolari unità funzionali nella sua struttura capaci di scambiare protoni con l'acqua ionizzandosi. Tali unità sono caratterizzate dai cosiddetti centri di ionizzazione. Nell'ambito dei composti organici ogni atomo legato a un idrogeno può essere descritto mediante una propria pKa e risultare un centro di ionizzazione. Tuttavia, sono solo alcuni tipi di atomo ad avere valori di pKa sufficienti a fornire un grado di ionizzazione apprezzabile. Tali atomi sono generalmente ossigeno, azoto e zolfo oppure atomi di carbonio in particolari strutture, come appare in Figura 4.1.

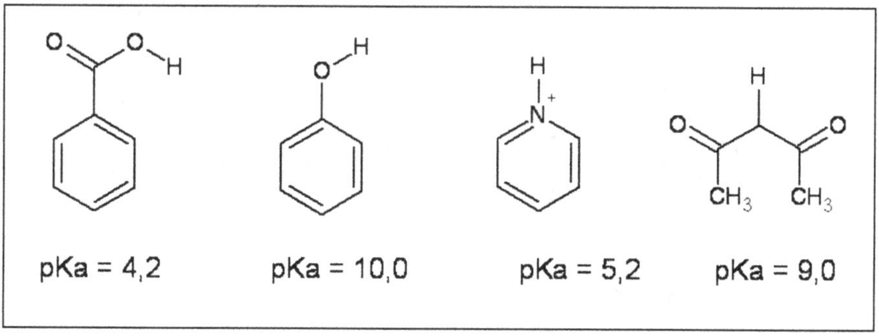

Fig. 4.1. Alcuni esempi di centri di ionizzazione e loro pKa. È stato reso esplicito l'idrogeno acido del centro di ionizzazione

Un composto può avere più di un centro di ionizzazione e comportarsi da acido o da base a seconda delle condizioni.

La pKa di un centro di ionizzazione può essere determinata in vari modi. La modalità della misura può influire sul risultato e, per uno stesso centro, si possono avere diversi valori di pKa. Per questo motivo è molto importante conoscere come sia stata misurata l'acidità di un composto e considerare misure fra loro coerenti. Molto spesso bastano semplici titolazioni acido-base di soluzioni acquose dell'acido e di suoi sali in condizioni controllate di temperatura e forza ionica per determinare la pKa. Altre volte si ricorre a tecniche spettroscopiche quali UV o IR oppure a NMR.

Modelli per predire in silico la pKa

La pKa è forse la più importante proprietà chimico-fisica per lo studio dell'attività biologica di un composto. Quando un composto si ionizza, infatti, le sue proprietà cambiano drasticamente per effetto della carica che viene ad avere. Questo modifica fortemente la modalità di interazione con il suo intorno e, come conseguenza, anche proprietà chimico-fisiche come la lipofilia o la solubilità o l'attività biologica del composto subiscono un brusco cambiamento.

Esistono vari approcci usati per costruire modelli per predire in silico la pKa di un composto. Le due famiglie più importanti riguardano i modelli costruiti a partire da calcoli quanto-meccanici *ab initio* o semiempirici e i modelli che si basano su equazioni tipo Hammett-Taft generalizzate. I primi si basano sul calcolo diretto della costante di equilibrio mediante la stima dell'energia delle singole specie presenti all'equilibrio. L'effetto della solvatazione è di solito introdotto mediante modelli del continuo per il solvente e parametri fenomenologici. Il *software* Jaguar (Schrödinger Inc.) implementa questa strategia di calcolo. Questo metodo si è dimostrato efficace nella determinazione di scale qualitative di acidità per serie omologhe di composti. In questo paragrafo sarà invece descritto il secondo approccio per il calcolo della pKa, che si è

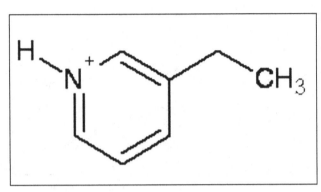

Fig.4.2. Struttura molecolare dell'acido coniugato della 3-etilpiridina

rivelato molto promettente e di più semplice e generale utilizzo. Predittori commerciali che si basano su questa metodologia sono ACD/pKa (Advanced Chemistry Development Inc.), ADME Boxes/pKa (Pharma Algorithms Inc.) e Epik (Schrödinger Inc.).

Le equazioni di Hammett-Taft permettono di stimare come un dato sostituente influisca sull'acidità di un certo centro di ionizzazione. Si tratta di equazioni lineari proprie per ogni centro. L'influenza del sostituente sull'acidità dell'intero composto è descritta tramite parametri adatti, le cosiddette "costanti sigma" (σ), che possono essere derivate da dati sperimentali oppure essere calcolate mediante opportune equazioni. Da un punto di vista meccanicistico, queste costanti caratterizzano l'effetto induttivo, di risonanza e sterico del sostituente. La forma delle equazioni di Hammett-Taft generalizzate è la seguente:

$$pKa = pKa_0 + \sum_i c_i \sigma_i$$

dove pKa_0 è la pKa del frammento contenente il centro di ionizzazione in assenza di sostituenti mentre $\sum_i c_i \sigma_i$ indica l'effetto del sostituente sull'acidità del centro. I coefficienti c_i che pesano le costanti σ_i relative al sostituente vengono di solito ottenute per regressione su di un piccolo insieme di dati sperimentali (10-20 composti). Le equazioni risultanti, pertanto, hanno solo una validità locale. Nell'esempio che segue sarà mostrato come calcolare la pKa dell'acido coniugato della 3-etilpiridina (Figura 4.2).

Il centro di ionizzazione è l'azoto posto sull'anello piridinico. Per il frammento riportato in Figura 4.3 è nota la seguente equazione di tipo Hammett-Taft:

$$pKa = 5,23 - 5,64 \, \sigma^{ind} - 1,72 \, \sigma^{res}$$

calcolata per un insieme di 14 composti con un errore in calcolo di 0,10 unità logaritmiche. Per il sostituente –CH₂CH₃ sono noti per via sperimentale i valo-

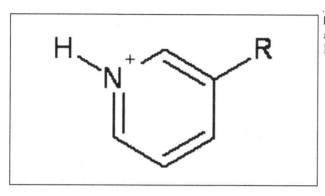

Fig. 4.3. Frammento avente equazione di tipo Hammett-Taft nota

ri delle due costanti $\sigma^{ind} = -0,01$ e $\sigma^{res} = -0,17$ che portano a una correzione dovuta al sostituente pari a +0,5. La pKa risulterà, quindi, $5,58 \pm 0,10$ contro un valore sperimentale attorno a 5,70.

I predittori di pKa individuano in un primo momento i centri di ionizzazione presenti nella struttura del composto di interesse. Poi ricercano all'interno di ampi *database* di equazioni tipo Hammett-Taft generalizzate quali equazioni descrivano meglio ciascun centro. Infine, identificato il sostituente, calcolano o ricercano in un opportuno *database* le costanti σ da usare nelle equazioni selezionate. Il punto critico del processo di calcolo è la codifica dell'intorno chimico del centro di ionizzazione da cui dipende la determinazione di quali siano i centri più simili di equazione nota.

Lipofilia di un composto chimico

La lipofilia è la misura della capacità di un composto di distribuirsi in una fase organica apolare piuttosto che in una fase acquosa polare. È solitamente rappresentata mediante il logaritmo decimale del coefficiente di ripartizione $P_{org/w}$ definito come il rapporto fra la concentrazione del composto di interesse nella fase organica di riferimento C_{org} in equilibrio con una fase acquosa che lo contiene in concentrazione C_w. Esistono vari tipi di solventi organici utili per misurare la lipofilia di un composto. La loro scelta dipende dall'uso che deve essere fatto della lipofilia, in quanto ogni tipo di solvente mette in luce aspetti diversi delle interazioni soluto-solvente che si stabiliscono nella fase organica rispetto a quella acquosa. Ad esempio, quando si considera la lipofilia di un composto come descrittore per studiare la sua capacità di permeare la membrana cellulare è possibile mimare l'effetto del doppio strato fosfolipidico utilizzando un adatto solvente organico nella misura della lipofilia. A seconda del tipo di membrana, infatti, può essere utilizzato ad esempio esadecano, decadiene, esadecene oppure 1-ottanolo ottenendo modelli interpretativi diversi perché l'interazione soluto-solvente risulta diversa a seconda della fase considerata. Il solvente organico più usato è 1-ottanolo. La lipofilia può pertanto essere misurata come:

$$logP_{o/w} = log \frac{C_o}{C_w}$$

dove C_o è la concentrazione all'equilibrio del composto in studio in 1-ottanolo mentre C_w quella in acqua. I composti che presentano $logP_{o/w} > 0$ vengono detti lipofili poiché si ripartiscono di preferenza nella fase organica mentre quelli con $logP_{o/w} < 0$ vengono chiamati idrofili in quanto si ripartiscono preferendo la fase acquosa.

Il metodo più usato per la misura della lipofilia è il cosiddetto metodo *shake-flask*. Questa procedura è di solito utilizzata per composti aventi $logP_{o/w}$ compreso fra -2 e 5. In un opportuno recipiente 1-ottanolo viene aggiunto ad acqua. Dopo agitazione si attende il raggiungimento dell'equilibrio fra le due fasi e si aggiunge una certa quantità del composto di interesse. Una volta raggiunto il nuovo stato di equilibrio, si preleva un campione di ciascuna delle due fasi e si determina la concentrazione del soluto mediante metodi cromatografici oppure spettroscopici. Al fine di evitare la formazione di forme associate del soluto nella fase organica, le misure devono essere compiute utilizzando basse concentrazioni del composto oppure estrapolando i valori del coefficiente di ripartizione a diluizione infinita. Esistono anche altri metodi per la misura della lipofilia come quelli che si basano sulla cromatografia liquida che possono portare, però, a risultati a volte diversi da quelli ottenuti con *shake-flask*. Per questo motivo è importante riferirsi sempre a misure di lipofilia ottenute con procedure che portano a risultati coerenti fra loro.

La lipofilia è un importante descrittore utile per studiare le proprietà chimico-fisiche o l'attività biologica di un composto. In *medicinal chemistry*, nell'ambito della progettazione di farmaci o *drug design*, è stato formulato un principio, detto di minima idrofobicità, che stabilisce che: nella messa a punto di nuovi farmaci dovrebbero essere preferiti quei composti con la più bassa lipofilia compatibilmente con l'affinità verso il recettore in studio. Si è osservato, infatti, che un aumento della lipofilia tende a provocare un aumento degli effetti tossici secondari e a diminuire la solubilità dei composti provocando effetti negativi sulla biodisponibilità. Numerosi sono gli studi che permettono di evidenziare alcuni valori caratteristici per questa proprietà. Di seguito sono elencati alcuni esempi:
- valori ottimali per farmaci che agiscono sul sistema nervoso centrale: circa 2;
- valori ottimali per farmaci in relazione all'assorbimento orale: circa 1,8;
- valori ottimali per farmaci in relazione all'assorbimento intestinale: circa 1,35;
- tutti i farmaci disponibili sul mercato hanno valori inferiori a 5.

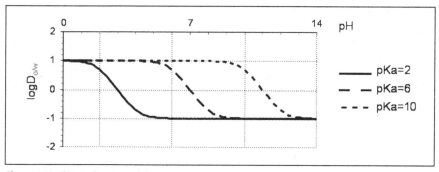

Fig. 4.4. Lipofilia in funzione del pH per un acido monoprotico HA. La lipofilia della specie HA è stata assunta pari a 1 mentre quella della specie carica A⁻ uguale a -1

Lipofilia in funzione del pH

Quando il composto di interesse possiede nella sua struttura gruppi ionizzabili, quali ad esempio unità acide oppure basiche, saranno presenti nelle due fasi diverse specie chimiche in equilibrio fra loro. La lipofilia misurata verrà a dipendere perciò non solo dalla specie neutra, ma anche da tutte le specie cariche presenti. Dato che il $\log P_{o/w}$ è un parametro teorico che caratterizza solamente le strutture neutre, in questi casi la misura della ripartizione fra 1-ottanolo e acqua sarà descritta mediante il cosiddetto $\log D_{o/w}$ (o lipofilia apparente) che risulta:

$$\log D_{o/w} = \log \frac{\sum_{i=1}^{n} C_{io}}{\sum_{i=1}^{n} C_{iw}}$$

dove C_{ij} è la concentrazione della specie i nella fase j e la sommatoria è condotta su tutte le n specie presenti all'equilibrio. Il valore della lipofilia viene a dipendere dal pH essendo il grado di ionizzazione del composto dipendente da esso. Per stimare $\log D_{o/w}$ risulta perciò necessario avere una misura accurata sia della pKa che della lipofilia delle diverse specie presenti all'equilibrio. In Figura 4.4 è rappresentata la curva della lipofilia in funzione del pH al variare della pKa dell'acido monoprotico HA. Si può notare come per pH < (pKa-3) la lipofilia misurata corrisponde a quella della specie HA, mentre per pH > (pKa+3) la lipofilia misurata è praticamente quella della specie A⁻.

Modelli per predire in silico la lipofilia

Esistono varie metodologie usate per costruire modelli capaci di predire in silico la lipofilia di nuovi composti. Qui di seguito un breve elenco:

1. *QSPR based prediction*; vengono generati opportuni descrittori molecolari, di solito descrittori di superficie quali PSA oppure topologici-strutturali, che sono usati per costruire modelli per la lipofilia mediante regressione multivariata (un esempio è fornito dal predittore MLOGP);

2. *Atomic based prediction*; vengono definite opportunamente le proprietà di certe tipologie di atomi e la lipofilia è intesa come il risultato dell'effetto della presenza di questi particolari atomi nella struttura dei composti (il predittore ALOGP, ad esempio, si basa su questo approccio);

3. *Fragment based prediction*; la lipofilia è considerata il risultato dell'azione combinata di particolari gruppi di atomi (il predittore CLOGP è un esempio di questa classe di predittori);

4. *Data mining prediction*; tecniche quali *Support Vector Machine*, reti neurali o alberi di regressione sono state applicate al fine di ottenere modelli anche non lineari per la lipofilia, sulla base di opportune rappresentazioni dello spazio chimico;

5. *Molecule mining prediction*; la predizione si basa sulla similarità strutturale del composto di interesse con i composti di lipofilia nota.

In questo paragrafo sarà descritto piuttosto in dettaglio il modello tipo CLOGP (ACD/logP e AB/logP), forse il più utilizzato nella pratica, mentre sarà dato solo un breve cenno agli altri di uso più limitato. Vista l'importanza della lipofilia negli studi di tipo biomedico, si preferisce di solito usare la tecnica del consenso quando è richiesta particolare attenzione. In questo caso si utilizzano più modelli indipendenti di predizione e la stima di questa proprietà per il composto di interesse è ottenuta pesando in modo opportuno i singoli risultati.

Modello tipo CLOGP

CLOGP (*Calculated* LOGP) è il nome del predittore in silico di $logP_{o/w}$ sviluppato dal *Pomona Medicinal Chemistry Project* attorno al 1980. È stato il primo strumento di calcolo di questo tipo a essere utilizzato largamente nell'industria farmaceutica per la progettazione di nuovi composti. Ciò è stato possibile grazie alla sua robustezza e alla capacità di coprire una vasta gamma di classi chimiche diverse. Questo successo è dovuto in parte al fatto che la sua parametrizzazione è stata fatta sul più ampio *database* disponibile al tempo per $logP_{o/w}$ (il cosiddetto MASTERFILE, contenente oltre 18000 valori di lipofilia per 1-ottanolo e acqua) e in parte al particolare metodo frammentale implementato. Quest'ultimo è quello proposto da Hansch e Leo attorno al 1970. Negli anni successivi sono stati messi a punto altri software commerciali molto simili nell'approccio a CLOGP, ma più efficienti in termini di accuratezza e con qualche variazione nella modalità di calcolo dei parametri del modello. I due più diffusi e potenti disponibili oggi sul

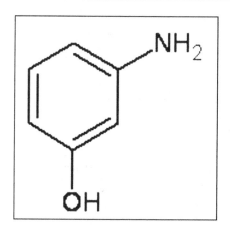

Fig. 4.5. Struttura molecolare del
3-amminofenolo

mercato sono ACD/logP (Advanced Chemistry Development Inc.) e AB/logP (Pharma Algorithms Inc.). La metodologia usata per la costruzione del modello prevede due elementi fondamentali: uno schema di frammentazione univoco e un approccio costruzionistico per la parametrizzazione.

Ogni struttura di cui si vuole calcolare la lipofilia è frammentata mediante lo schema detto IC o del carbonio isolante (da *Isolating Carbon*). Secondo questo schema, vengono prima individuati nella struttura di interesse i cosiddetti carboni isolanti definiti come quegli atomi di carbonio non legati con doppi o tripli legami a eteroatomi. È possibile distinguere i carboni isolanti sulla base del loro carattere aromatico o alifatico, del tipo di ibridazione, del numero di idrogeni legati, della loro presenza in catene oppure in anelli. Le unità che rimangono nella struttura, dopo aver rimosso i carboni isolanti, sono chiamati frammenti. Se i frammenti sono distanti non oltre un certo numero di carboni isolanti, possono essere definiti dei termini cosiddetti di interazione fra i frammenti che rappresentano termini correttivi del modello. Il metodo permette pertanto di definire in modo univoco una lista di unità strutturali (vari tipi di IC, frammenti e interazioni) che costituiscono i descrittori molecolari del modello. L'esempio che segue chiarirà meglio l'approccio. Si consideri il 3-amminofenolo la cui struttura molecolare è raffigurata in Figura 4.5.

Si possono distinguere i due tipi di carboni isolanti riportati in Tabella 4.1.

I frammenti che rimangono dopo aver eliminato dalla struttura i carboni isolanti sono quelli riportati in Tabella 4.2.

I due frammenti sono separati da tre carboni isolanti. Sarà considerata l'interazione indicata in Tabella 4.3.

La molecola può quindi essere rappresentata in termini di descrittori molecolari come riportato in Tabella 4.4.

Una volta rappresentata la struttura molecolare secondo i descrittori prodotti dallo schema di frammentazione IC, la lipofilia è espressa in termini di contributi additivi dei singoli elementi come:

$$\log P_{\text{o/w}} = \sum_i N_i \Delta_i$$

Tabella 4.1. Tipi di carbonio isolante definiti per 3-amminofenolo

ID	ibridazione	numero H	aromaticità	ciclizzazione
C1	sp2	0	aromatico	anello
C2	sp2	1	aromatico	anello

Tabella 4.2. Frammenti che si ottengono dopo aver eliminato i carboni isolanti

ID	struttura	connesso a	aromaticità	ciclizzazione
F1	R1-NH2	aromatico	alifatico	catena
F2	R1-OH	aromatico	alifatico	catena

Tabella 4.3. Interazione di catena definita per 3-amminofenolo

ID	lunghezza	tipo di interazione
Int1	3	aromatica

Tabella 4.4. Descrizione della molecola di 3-amminofenolo ottenuta con lo schema di frammentazione IC

C1	C2	F1	F2	Int1
2	4	1	1	1

Tabella 4.5. Contributi e numeri di elementi strutturali per 3-amminofenolo secondo lo schema IC

	C1	C2	F1	F2	Int1
Δ_i	-0,0793	0,3697	-0,8330	-0,2873	0,1400
N_i	2	4	1	1	1

dove N_i è il numero di elementi strutturali di tipo i trovati nella struttura del composto applicando lo schema di frammentazione IC e Δ_i il loro contributo singolo alla lipofilia. Il calcolo dei parametri Δ_i è compiuto seguendo un approccio di tipo costruzionistico. Sono prima studiati i composti che non contengono frammenti al fine di determinare il contributo dei singoli carboni isolanti; poi vengono presi in esame i composti che presentano un frammento con lo scopo di calcolare il contributo di questo e infine si considerano i composti con più frammenti per valutare l'effetto delle interazioni fra frammenti. Questo approccio si è dimostrato molto efficiente. L'unico punto debole è che la parametrizzazione deve essere basata su di un insieme molto ampio di dati sperimentali in quanto il numero di parametri del modello cresce molto velocemente all'aumentare della diversità strutturale dei composti considerati. Per 3-amminofenolo si hanno i contributi e i numeri di elementi strutturali indicati in Tabella 4.5.

La lipofilia calcolata in questo modo risulta 0,34 mentre il valore sperimentale è 0,17.

Altri modelli

Esistono anche altre tecniche di calcolo nell'ambito frammentale pensate per la costruzione di modelli per la lipofilia. Una di queste prevede l'uso di frammenti atomici e ha portato al predittore detto ALOGP. Nello schema di frammentazione usato sono stati definiti i contributi additivi per 120 tipi di atomi diversi identificati sulla base del loro intorno topologico. Un altro metodo usato per stimare la lipofilia e implementato in MLOGP è quello proposto da Moriguchi che usa 13 descrittori strutturali. In particolare, Moriguchi osservò che circa il 70% della varianza della lipofilia sperimentale per i composti usati nella costruzione del modello era riconducibile al numero di atomi lipofili (carbonio e alogeni) o idrofilici (azoto e ossigeno) presenti nel composto. A differenza dei modelli di tipo CLOGP che sono costruiti a partire da un insieme che contiene un numero di dati sperimentali dell'ordine della decina di migliaia, questi modelli sono piuttosto locali e si basano su insiemi di dati che difficilmente raggiungono il migliaio.

Solubilità acquosa di un composto chimico

Un composto chimico può essere disciolto in acqua fino a una certa quantità limite oltre la quale si separano due fasi in equilibrio fra loro: una fase acquosa detta soluzione satura del composto e una solida in forma di precipitato relativa al composto. La concentrazione del soluto nella soluzione satura definisce quella che è detta solubilità acquosa del composto. Se il composto può ionizzarsi in soluzione, è possibile distinguere una solubilità intrinseca relativa alla forma neutra del composto dalla solubilità misurata che dipende da tutte le specie presenti e, in questo caso, anche dal pH.

La solubilità è un'importante proprietà in quanto ogni composto chimico per avere azione biologica, deve prima raggiungere il sistema su cui deve agire e il trasposto è garantito da fluidi in gran parte costituiti da acqua. Il composto deve sciogliersi e non precipitare divenendo in questo modo inutilizzabile.

Modelli per predire in silico la solubilità acquosa

Esistono vari approcci usati per predire la solubilità di un composto. In generale, si possono distinguere due grandi famiglie di strumenti di predizione: quella che si basa su equazioni di tipo fenomenologico e quella che si fonda su modelli di classificazione per mezzo di regole. In entrambi i casi, i modelli risultano affetti da errori in quanto il fenomeno della dissoluzione di un precipitato per effetto di un solvente non è ancora ben compreso poiché coinvolge vari processi e non esiste un unico schema interpretativo. I modelli risultano avere caratteristiche locali e nessuno può essere generalizzato per ogni tipo di composto. Nei casi in cui la solubilità sia un parametro critico si ricorre alla tecnica del consenso e all'uso di diversi metodi di calcolo fra loro indipendenti.

Le equazioni fenomenologiche usate per stimare la solubilità acquosa $logS_w$ di un composto hanno la forma generale:

$$logS_w = f(logP, pKa) + \sum_i \Delta_i N_i + cMP + logS_{wo}$$

dove f è una opportuna funzione della lipofilia in ottanolo e acqua e dell'acidità del composto, MP il suo punto di fusione e $logS_{wo}$ una costante caratteristica della classe di composti per la quale l'equazione è stata determinata. Il termine correttivo $\sum_i \Delta_i N_i$ è di tipo frammentale. Il coefficiente c, i pesi Δ_i dei diversi frammenti presenti in numero N_i nella struttura del composto, $logS_{wo}$ e i parametri della funzione f vengono determinati per regressione.

Esistono equazioni diverse a seconda della tipologia di composto. I predittori in silico di solubilità acquosa che si basano su questo approccio, come ad esempio ACD/Solubility (Advanced Chemistry Development Inc.), contengono nel loro *database* interno un numero molto elevato di equazioni fenomenologiche. Per stimare la solubilità di un composto avente struttura molecolare nota, il predittore codifica prima la struttura del composto, ne attribuisce la classe di appartenenza e poi ricerca nel *database* l'equazione fenomenologica di quella classe. Infine, viene applicato l'adatto schema di frammentazione, stimati $logP_{o/w}$, pKa e MP e calcolato il valore della solubilità sulla base dell'equazione selezionata. Nel caso si operi con schemi di classificazione basati su regole, il responso del predittore non è più il valore numerico della solubilità acquosa, ma solo un giudizio sul suo ordine di grandezza definito solitamente sulla scala qualitativa seguente:
- altamente insolubile (solubilità < 0,1 mg/ml);
- insolubile (solubilità < 1 mg/ml);
- debolmente solubile (solubilità > 1 mg/ml);
- solubile (solubilità > 10 mg/ml).

L'attribuzione della solubilità qualitativa nota la struttura molecolare di un composto può essere fatta sulla base di regole definite, ad esempio, a partire da alcune proprietà chimico-fisiche come la pKa, $logP_{o/w}$ e il peso molecolare (MW) oppure facendo uso di opportuni descrittori molecolari.

Un esempio è fornito dal grafico di Figura 4.6 che mostra come sia possibile distinguere diversi comportamenti di composti debolmente basici sulla base

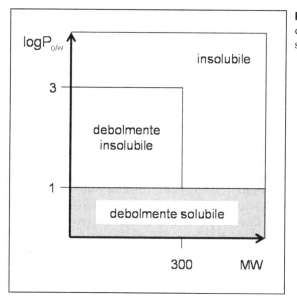

Fig. 4.6. Solubilità qualitativa di composti debolmente basici sulla base di logP $_{o/w}$ e MW

di soglie caratteristiche per la lipofilia e il peso molecolare. Grafici analoghi esistono per composti fortemente acidi o basici, debolmente acidi o anfiprotici. La definizione di queste soglie può essere per esempio fatta mediante la tecnica della partizione ricorsiva descritta nel Capitolo 3. Un predittore commerciale molto robusto basato su questo approccio è ADME Boxes/Solubility (*Pharma Algorithms Inc.*).

Come migliorare l'accuratezza delle predizioni

Ogni predittore possiede un suo dominio di applicabilità all'interno del quale le predizioni risultano accurate. Quando si affronta lo studio di nuove classi di composti oppure di composti non ancora ben caratterizzati può accadere che le predizioni ottenute non siano sufficientemente accurate perché il dominio di applicabilità non contiene oppure contiene solo parzialmente lo spazio chimico di interesse. In questi casi, è possibile usare nuovi dati sperimentali per estendere il dominio di applicabilità del predittore che in questo modo viene detto addestrato. Di seguito verranno brevemente descritti alcuni metodi che sono stati pensati al fine di migliorare l'accuratezza delle predizioni delle tre proprietà discusse.

I predittori di pKa che si basano sulle equazioni di tipo Hammett-Taft forniscono solitamente predizioni con un errore attorno a 0,2-0,5 unità logaritmiche. Tuttavia, trattandosi di modelli altamente locali, può accadere che il centro di ionizzazione del composto in studio non sia ben rappresentato all'interno del *database* delle equazioni per i centri noti su cui si fonda il predittore. Quando si dispone di 8-10 misure sperimentali di pKa relative al centro di ionizzazione di interesse diversamente sostituito, è possibile calcolare una nuova equazione di tipo Hammett-Taft sulla base delle costanti σ dei sostituenti e usare tale equazione per i nuovi composti della stessa classe. Quando le misure a disposizione sono solo 1 o 2, invece, e si vuole studiare un'intera classe di nuovi composti, una possibile strategia è la seguente: si prende un composto avente pKa nota come riferimento in modo tale che la classe di interesse possa essere ottenuta da esso mediante opportune sostituzioni. Si ricerca poi, nel *database* di equazioni, quelle relative a centri di ionizzazione molto simili da un punto di vista strutturale a quello del composto di riferimento. Infine, si modifica il valore di pKa_0 di queste equazioni sulla base di quello misurato per il composto di riferimento, ottenendo una nuova serie di equazioni di tipo Hammett-Taft per studiare la classe. Per quanto riguarda la lipofilia, i modelli di predizione solitamente portano a stime con errori di circa 0,3-0,6 unità logaritmiche. Quando il composto in studio è molto diverso da quelli usati per la costruzione del modello, però, l'errore può salire a 1-2 unità logaritmiche e la predizione può risultare inutilizzabile. Quando si lavora con modelli di tipo CLOGP l'addestramento del sistema di calcolo può essere ottenuto in due modi: scegliendo un macroframmento di riferimento oppure definendo nuovi frammenti o interazioni. Il primo approccio è applicabile solo nel caso di serie di composti molto simili fra loro con un'unità comune che ne rappresenti la maggior parte della struttura molecolare. Il secondo, invece, permette di estendere il modello a tutte quelle strutture che presentano la stessa interazione o frammento e che, pertanto, possono essere strutturalmente anche molto diverse fra loro. Nel primo caso sono solitamente sufficienti pochi nuovi dati sperimentali, mentre il secondo ne richiede molti di più. I modelli tipo ALOGP oppure MLOGP sono difficilmente addestrabili. Per quanto riguarda la solubilità acquosa, infine, i predittori che si basano su equazioni fenomenologiche possono essere addestrati agendo in modo opportuno sulla costante $logS_{wo}$ che può essere modificata sulla base di nuove misure sperimentali oppure agendo sulla correzione frammentale, definendo nuovi tipi di frammenti. I predittori, invece, che prevedono l'applicazione di regole per la classificazione sono difficilmente addestrabili. La capacità di un predittore di essere addestrato è un requisito che nella pratica fa molto spesso preferire un modello di calcolo a un altro.

Alcuni predittori *freeware* disponibili via web

Sono disponibili in rete alcuni predittori di libero accesso che permettono di calcolare pKa, $logP_{o/w}$ ($logD_{o/w}$) e solubilità nota della struttura molecolare del composto di interesse. Si tratta di predittori non addestrabili che, tuttavia, hanno accuratezza e robustezza molto vicine a quella della loro versione commerciale (di solito addestrabile). Di seguito sono elencati alcuni di essi:
1. Web Boxes freeware version (Pharma Algorithms Inc.)
    Forse la più completa soluzione per la predizione di proprietà chimico-fisiche e tossicologiche di interesse per il chimico medicinale; oltre a lipofilia,

pKa e solubilità sono disponibili predittori di tossicità e di biodisponibilità.
http://www.pharma-algorithms.com/webboxes/
2. ACD/logP freeware version (Advanced Chemistry Development Inc.)
   Inserito all'interno dello strumento ACD/ChemSketch per il disegno chimico, disponibile anch'esso freeware, è la versione semplificata della versione
   12 del software commerciale ACD/logP DB.
   http://www.acdlabs.com/download/logp.html
3. SPARC v4.2 on-line calculator
   Consente il calcolo di pKa, $logD_{o/w}$ e solubilità in modalità on-line.
   http://ibmlc2.chem.uga.edu/sparc/
4. Molinspiration (Molinspiration Cheminformatics)
   Permette il calcolo di $logP_{o/w}$ mediante l'algoritmo proprietario miLogP 2.2
   basato su contributi di gruppi e calcola la potenziale bioattività del composto.
   http://www.molinspiration.com/cgi-bin/properties
5. ChemSpider
   Contiene numerose informazioni relative al composto di struttura nota fra
   cui i valori di lipofilia calcolati con metodi diversi.
   http://www.chemspider.com/

Letture consigliate

Baum EJ (1998) Chemical Property Estimation. Theory and Application. Lewis Publisher, Bo-
   ca Raton
Hammett LP (1937) The effect of structure upon the reactions of organic compounds. Ben-
   zene derivates. J. Am. Chem. Soc. 59:96-103
Hansch C, Quinlan JE, Lawrence GL (1968) The Linear Free Energy Relationships between par-
   tition coefficients and the aqueous solubility of organic liquids. J. Org. Chem. 33:347–50
Japertas P, Didziapetris R, Petrauskas A (2003) Fragmental methods in the analysis of biolog-
   ical activities of diverse compound sets. Mini Reviews in Medicinal Chemistry 3:797-808
Leo AJ (1993) Calculating logPoct from structures. Chem Rev 93:1281-1306
Perrin DD, Dempsey B, Serjeant P (1981) pKa prediction for organic acids and bases. Chap-
   man & Hall, London
Pliska V (2008) Lipophilicity in drug action and toxicology. Wiley-VCH, Weinheim
Taft RW (1953) Linear Free Energy Relationships from rates of esterification and hydrolysis
   of aliphatic and ortho-substituited benzoate esters. J Am Chem Soc 74:2729-2732
Xing L, Glen RC (2002) Novel methods for the prediction of logP, pKa and logD. J Chem Inf
   Comp Sci 42:796-805

CAPITOLO 5

Modellistica molecolare

Stefano Moro, Magdalena Bacilieri

Virtualizzazione della struttura molecolare

La virtualizzazione del concetto di struttura molecolare può essere considerata la prima e fondamentale operazione di codifica informatica di cui la chimica necessita. Il numero sempre crescente di nuove strutture chimiche scoperte e la loro sempre più rilevante applicazione in diversi ambiti della chimica, della biologia e della fisica richiedono oggigiorno strategie informatiche per archiviare, e conseguentemente estrarre, in maniera efficiente e veloce milioni di informazioni strutturali e di proprietà associate. In questo paragrafo verranno raccolti i concetti e le procedure più rilevanti nell'ambito della chemoinformatica.

Rappresentazione computazionale delle strutture molecolari

Un modo convenzionalmente accettato di rappresentare le strutture chimiche attraverso una scrittura informatica che sia comprensibile a un normale computer, consiste nel descriverla come un grafo molecolare, ovvero mediante una struttura astratta costituita da nodi (gli atomi) e da connessioni tra i nodi (i legami chimici).

Il vantaggio di usare questo tipo di rappresentazione consiste nella disponibilità di algoritmi informatici che, operando sulle strutture dei grafi, sono in grado di risolvere diversi problemi interessanti proprio in ambito chimico. Per esempio, alcuni di questi algoritmi (noti come *subgraph isomorphism algorithms*) permettono di verificare se due grafi molecolari (ovvero due strutture chimiche) siano identiche. Come vedremo in seguito, questo semplice algoritmo è particolarmente utile nell'ambito della ricerca di una particolare struttura all'interno di una banca dati ove siano depositati un grande numero di composti chimici.

Le informazioni contenute in un grafo molecolare vengono descritte in linguaggio informatico attraverso la creazione di una tabella delle connessioni, la quale consiste essenzialmente di due sezioni: la lista degli atomi che compongono la molecola e la lista delle coppie di atomi connesse tra loro (con la specificazione della tipologia di legame che può essere singolo, doppio, triplo oppure aromatico). Per gli atomi possono essere eventualmente esplicitate le coordinate nello spazio bidimensionale in cui il grafo viene rappresentato. Un esempio di tabella delle connessioni per l'etino (H-C≡C-H) è riportata qui di seguito:

```
1,2124   0,0000   0,0000   C   0 0 0 0 0 0 0 0 0 0 0 0
0,0000   0,7000   0,0000   C   0 0 0 0 0 0 0 0 0 0 0 0
  1 2 3 0 0 0 0
```

Come si può notare, gli atomi di idrogeno non sono direttamente esplicitati nella tabella delle connessioni, mentre viene riportata la natura chimica dei diversi atomi presenti nella struttura (nella quarta colonna) e le loro coordinate (nelle prime tre colonne). Essendo il grafo molecolare una rappresentazione bidimensionale, la terza colonna è costituita da soli zero. Le colonne a seguito della quarta (ancora caratterizzate da soli zero in questo specifico esempio) possono essere utilizzate per registrare altre informazioni chimiche quando queste siano disponibili, come la carica atomica e chiralità. La terza riga in questa tabella assegna le connessioni tra i vertici del grafo (nello specifico tra atomo di carbonio 1 e il carbonio 2) specificando l'eventuale ordine di legame (3 in questo caso essendo presente un triplo legame tra gli atomi 1 e 2). Le regole per la costruzione di simili tabelle sono state per la prima volta codificate dalla MDL Information Systems.

Oggigiorno, le tabelle delle connessioni vengono facilmente compilate utilizzando dei programmi che consentono, a partire da un disegno della struttura molecolare, di ottenere automaticamente la corrispondente tabella delle connessioni. Tra i programmi pubblicamente disponibili ricordiamo: Bioclipse (http://www.bioclipse.net/), Zodiac (http://www.zeden.org/) e ACD/Chem Sketch (http://www.acdlabs.com/products/draw_nom/draw/chemsketch/). Questo processo di conversione consente alla tabella delle connessioni di essere salvata da un punto di vista informatico ed essere utilizzata da altri programmi chemoinformatici per un suo eventuale utilizzo in altri processi di comparazione strutturale, di predizione di proprietà e/o attività di interesse chimico, chimico farmaceutico e farmacologico.

Come anticipato, essendo il numero di composti chimici da tradurre in tabelle di connessione molto elevato e in continua crescita, un altro serio problema sul versante informatico è legato alla inevitabile richiesta di grandi quantitativi di memoria necessari a conservare l'enorme mole di dati strutturali che andremo a produrre. Un'intelligente soluzione è stata introdotta attraverso l'utilizzo delle rappresentazioni lineari (monodimensionali) delle strutture molecolari.

In una rappresentazione lineare, la molecola è definita da una stringa di caratteri alfa-numerici che garantisce nel contempo sia di essere associata a una tabella delle connessione, sia di possedere una scrittura informatica più compatta. Il primo esempio di rappresentazione lineare è certamente la formula bruta. Quest'ultima è in effetti un esempio estremo di rappresentazione lineare, dalla quale sfortunatamente però non è possibile ricostruire una sola e univoca struttura molecolare. Per esempio, dalla formula bruta $C_6H_{12}O_6$ non è possibile risalire univocamente alla molecola del glucosio, in quanto anche inositolo e galattosio hanno la stessa codifica monodimensionale. Inoltre, la formula bruta non consente di assegnare la configurazione di eventuali centri chirali.

Una delle rappresentazioni lineari più note è la codifica SMILES (*Simplified Molecular Input Line Entry System*), introdotta dai ricercatori della ditta chemoinformatica Daylight. Nella ortografica SMILES, gli atomi sono rappresentati dal loro simbolo chimico (minuscolo quando l'atomo è aromatico, altrimenti sempre in maiuscolo); i legami che connettono gli atomi, se non specificati, si intendono singoli, altrimenti esistono simboli per rappresentare legami doppi (=) e tripli (#). Alcuni esempi di rappresentazioni lineari SMILES sono riportate qui a seguito:

- CCCCCC: n-esano, dove i 6 atomi di carbonio sono rappresentati da lettere maiuscole (essendo di natura alifatica), e i legami sono sottintesi;
- C#CCCC: 1-esino, dove il carattere "#" indica la posizione del triplo legame tra i primi due atomi di carbonio;
- C1CCCCC1: cicloesano, dove i 6 atomi di carbonio sono ancora rappresentati da lettere maiuscole e i legami sono sottintesi. In questo caso la presenza del carattere "1" indica la posizione della chiusura del ciclo (un ciclo a sei termini);
- c1ccccc1: benzene, dove i 6 atomi di carbonio sono rappresentati da lettere minuscole (essendo aromatici), e ancora con i legami sottintesi.

Il vantaggio della rappresentazione lineare SMILES è la sua compattezza. Sfortunatamente non vi è un'assoluta e univoca corrispondenza tra una rappresentazione lineare SMILES e la singola struttura chimica, in quanto spesso una stessa molecola può essere rappresentata da più SMILES in funzione della modalità utilizzata per scrivere la sequenza di caratteri associati allo SMILES. L'esempio del 1-esimo dovrebbe essere chiarificatore: C#CCCC oppure CCCC#C; due diverse stringhe di caratteri alfa-numerici che però sono associabili allo stesso composto chimico. Inoltre le regole di creazione delle rappresentazioni lineari SMILES sono proprietà della ditta Daylight, quindi non pubbliche, e l'algoritmo di creazione degli SMILES è stato pubblicato solo parzialmente. Esistono comunque diversi programmi gratuiti in grado di generare le rappresentazioni lineari SMILES.

Per sopperire alla necessità di un algoritmo di creazione di una rappresentazione lineare pubblicamente accessibile, condiviso internazionalmente e non equivocabile nella sua codifica, l'organizzazione IUPAC (*International Union of Pure and Applied Chemistry*) ha introdotto dal 2004 la rappresentazione lineare InChI (*International Chemical Identifier*). Le stringhe InChI hanno l'importante obiettivo di essere assolutamente univoche: ovvero ogni struttura molecolare è rappresentata da una e una sola stringa InChI.

Come le rappresentazioni lineari SMILES, anche quelle InChI sono codificate da stringhe alfa-numeriche estremamente compatte e quindi adatte sia a una loro conservazione su di un convenzionale supporto informatico che a un loro utilizzo.

Alcuni esempi di stringa InChI sono riportati qui di seguito:
- InChI=1/C2H6O/c1-2-3/h3H,2H2,1H3, etanolo;
- InChI=1S/C2H2/c1-2/h1-2H, etino.

Per maggiori dettagli, si rimandano i lettori interessati al sito ufficiale dell'organizzazione IUPAC al seguente indirizzo web: http://www.iupac.org/inchi/.

Banche dati di strutture molecolari

Esistono varie banche dati (*databases*) di strutture molecolari, sia provenienti da cataloghi commerciali che pubblici, che possono essere utilizzati per differenti scopi in ambito chimico, chimico farmaceutico e farmacologico: dalla semplice ricerca di informazioni chimiche riferite a un composto (come il peso molecolare e altre sue proprietà chimico-fisiche) fino alla predizione di proprietà farmacologiche o tossicologiche.

Tipologia e caratteristiche delle banche dati attualmente disponibili verranno trattate in maniera più estesa nel Capitolo 6.

Ligand-based drug design

La scoperta e lo sviluppo di un nuovo farmaco sono ancora processi estremamente costosi e che richiedono tempi relativamente lunghi. In questo ambito, il *ligand-based drug design* rappresenta un settore della ricerca farmaceutica computazionale particolarmente importante nell'identificazione e nell'ottimizzazione di nuovi composti, in particolare quando la struttura tridimensionale del bersaglio molecolare (*target*) non sia nota.

Infatti, la disponibilità oggigiorno di banche dati contenenti un grande numero di informazioni strutturali e di attività farmacologiche correlate ha portato, in particolare nelle compagnie farmaceutiche, allo sviluppo di modelli QSAR come metodi efficienti per la predizione dell'attività biologica, o di altre proprietà molecolari importanti, a partire dalle proprietà strutturali dei diversi composti chimici. Di conseguenza, la generazione di modelli significativi, validati rigorosamente, permette di suggerire la direzione da seguire nella sintesi di nuove molecole, contribuendo a una riduzione del tempo complessivo e a un conseguente contenimento dei costi associati (Leach AR 2001).

Esistono diverse tipologie di approccio al problema e tra queste si individuano i metodi di classificazione *drug-like* e i metodi di predizione, dove i primi sono applicazioni che identificano composti strutturalmente simili e che si comportano alla stessa maniera sullo specifico bersaglio, mentre i secondi sono modelli matematici capaci di predire un valore numerico di affinità di un possibile candidato farmaco per uno specifico bersaglio molecolare.

In questo capitolo tratteremo nello specifico l'analisi farmacoforica, rimandando il lettore ai capitoli precedenti per la descrizione dell'analisi QSAR e dei metodi di classificazione e di ricerca per similarità (Leach AR et al., 2003).

Modello farmacoforico

Nella progettazione razionale di un farmaco attraverso l'utilizzo di metodologie computazionali *ligand-based* si inserisce anche il concetto di "ipotesi farmacoforica" o "modello farmacoforico". La costruzione di un modello farmacoforico tridimensionale rappresenta un'utile strategia per descrivere le interazioni di un ligando con un *target* macromolecolare. Un modello farmacoforico, infatti, definisce nello spazio le caratteristiche steriche ed elettroniche responsabili dell'interazione del ligando con il suo bersaglio molecolare. La rappresentazione tridimensionale di queste avviene incorporando all'interno di sfere i gruppi funzionali (*features*) responsabili nell'interazione del ligando con il *target*. Il modello farmacoforico è rappresentato dalla combinazione della serie di *features* (gruppi donatore e accettore di legame a idrogeno, gruppi idrofobici, aromatici e gruppi carichi positivamente o negativamente) coinvolte nella formazione delle interazioni stabilizzanti tra ligando e bersaglio molecolare durante il loro processo di riconoscimento. Questa generalizzazione nella definizione delle *features* garantisce la necessaria astrazione del farmacoforo rispetto alle molecole reali con cui lo si è costruito, dal momento che il farmacoforo stesso ha lo scopo di descrivere solamente le caratteristiche necessarie per l'interazione con il *target*. Attraverso le *features* non vengono quindi individuati precisi gruppi funzionali, ma qualsiasi gruppo funzionale presenti le caratteristiche indicate dalla *feature*. Ciascuna sfera ha una posizione precisa nello spazio tridimensionale rispetto alle altre sfere e una dimensione precisa che indica il margine di tolleranza, cioè la deviazione permessa tra la reale sede della *feature* e quella ideale della stessa. Il modello farmacoforico può essere dunque utilizzato per ricercare delle similarità all'interno di un database di molecole attive sullo stesso *target* con lo scopo di derivare dei nuovi composti con un'attività biologica migliore (Lager T et al., 2006).

Costruzione di un modello farmacoforico

Il procedimento generale per la costruzione di un modello farmacoforico è riportato nella Figura 5.1. I programmi attualmente a disposizione consentono di costruire un modello farmacoforico mediante due diverse strategie: una prima definita come *ligand-based pharmacophore generation*, che considera un set di ligandi per i quali siano disponibili i dati di attività nei confronti del bersaglio molecolare di interesse; e la seconda definita come *strucuture based pharmacophore generation*, basata sull'analisi delle interazioni tra un ligando e un recettore, nel momento in cui la struttura tridimensionale di quest'ultimo sia nota. Il procedimento di generazione del modello farmacoforico mediante il primo approccio ha inizio attraverso un'analisi conformazionale dei ligandi a disposizione. Per ciascuna delle conformazioni generate vengono poi definite tutte le possibili *features*, mediante una serie di regole di riconoscimento strutturale che permettono di associare a un determinato gruppo funzionale una

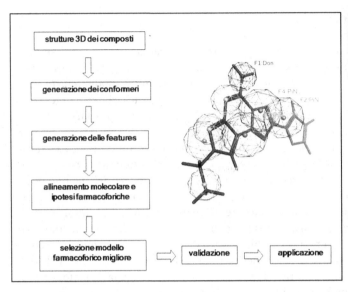

Fig. 5.1. *Flowchart* generale del procedimento di costruzione di un farmacoforo

corrispondente specifica *feature* farmacoforica. Successivamente, si procede attraverso l'allineamento dei diversi conformeri con l'obiettivo di determinare la migliore sovrapposizione tra le diverse combinazioni di *features* farmacoforiche. Si ottengono così diverse ipotesi farmacoforiche, tra le quali va infine scelta quella più significativa sia da un punto di vista statistico che della sua capacità di descrivere accuratamente i rapporti struttura-attività osservati. Una volta selezionata l'ipotesi farmacoforica più realistica si procede con la validazione della stessa, prendendo in considerazione un insieme di composti per i quali è già nota l'attività farmacologica sul *target*. Vengono generate le possibili conformazioni e le corrispondenti *features* per ciascuna molecola e si valuta la capacità dell'ipotesi farmacoforica di discriminare i composti attivi da quelli inattivi, ancora attraverso un processo di processo di sovrapposizione (*fitting*). Anche in questo caso l'analisi visiva e l'analisi statistica permettono di stabilire la qualità predittiva del modello farmacoforico. Infine, il modello farmacoforico trova la sua applicazione nella ricerca di nuove molecole attive sul bersaglio in analisi, non ancora valutate sperimentalmente. In questo contesto si inseriscono due metodi diversi: il de novo *design*, che genera nuovi composti unendo diversi frammenti chimici che rispondono alle *features* del farmacoforo, e lo *screening* di banche dati di composti già sintetizzati, ma non valutati sperimentalmente sul bersaglio in analisi. La seconda strategia per generare un farmacoforo, il metodo *structure based pharmacophore* si basa, come detto precedentemente, sul complesso tra un ligando e un recettore, di cui è a disposizione la struttura tridimensionale. Il farmacoforo viene generato determinando le interazioni tra il ligando e gli atomi della tasca recettoriale sulla base della formazione di legami a idrogeno, interazioni idrofobiche e interazioni elettrostatiche. Questa metodologia si differenzia quindi dalla precedente per il modo in cui vengono scelte le conformazioni dei composti in analisi e le *features*, che è basato sulle informazioni di interazione con il bersaglio. Alcuni programmi hanno inoltre la possibilità di costruire dei modelli farmacoforici non solo qualitativi, ma anche quantitativi, tenendo in considerazione il dato di attività del composto e generando un'analisi QSAR. Oggigiorno sono disponibili diversi programmi che permettono la costruzione e la visualizzazione di un farmacoforo, quali MOE (*Molecular Operating Enviroment*), Phase (*Schrodinger*), LigandScout, Catalyst (*Accelrys*), DISCO e GASP (*Trypos*), ciascuno con le proprie peculiarità nella progettazione e nella visualizzazione del modello.

Structure-based drug design

La disponibilità della struttura terziaria di una molecolare bersaglio è il prerequisito per l'applicazione di tutte le tecniche computazionali definite come *structure-based drug design*. Solo infatti a partire dall'informazione strutturale del bersaglio, problema originariamente definito come *protein-ligand docking problem* (PLDP) da Hermann Emil Fischer nel 1894 che utilizzò la metafora chiave-serratura, può essere affrontato. Idealmente, data la struttura del ligando e del suo bersaglio molecolare, è possibile immaginare che esista un algoritmo matematico in grado di simulare la corretta complementarietà topologica tra il ligando (sua posizione e conformazione) e il suo sito di riconoscimento. Come vedremo più avanti, la corretta predizione della posizione e della conformazione assunta dal ligando (*pose prediction*) all'interno della propria cavità di riconoscimento, è l'obiettivo principale del più noto e utilizzato metodo *structure-based drug design* conosciuto come *molecular docking*. La *pose* del ligando all'interno della cavità è strettamente dipendente dalla qualità del riconoscimento reciproco, che è direttamente correlato con lo stato energetico più o meno stabile che il complesso ligando-bersaglio possiede rispetto allo stato inziale reagente, quando cioè il ligando e il suo bersaglio sono separati. Un algoritmo di *docking* molecolare si affida a una funzione matematica che è in grado, a partire dalla struttura del complesso ligando-recettore, di inferire sull'energia potenziale del complesso stesso. Questa funzione matematica, che può essere definita in diversi modi, viene chiamata *scoring function* e ha il compito ambizioso di calcolare la variazione di energia potenziale in gioco durante il processo di riconoscimento tra il ligando e il suo bersaglio molecolare.

Meccanica molecolare e campo di forza

Volendo inferire sull'energia di un sistema molecolare, lo strumento chimico-fisico più adeguato sarebbe quello descritto dalla fisica quantomeccanica come equazione di Schrödinger. Sfortunatamente molti dei problemi che si vorrebbero affrontare e risolvere in un ambito biologico riguardano sistemi molecolari dimensionalmente troppo grandi per essere considerati con metodi quantomeccanici. La meccanica quantistica tratta esplicitamente gli elettroni di un sistema molecolare e conseguentemente un gran numero di particelle devono essere considerate contemporaneamente, richiedendo calcoli matematici particolarmente lunghi e complessi. I metodi della meccanica molecolare (o dei campi di forza) ignorano il moto degli elettroni e calcolano l'energia potenziale come funzione delle sole coordinate nucleari. Questo permette di usare con successo la meccanica molecolare anche in sistemi che contengono un elevato numero di atomi e in alcuni casi l'uso di campi di forza può fornire risposte relativamente accurate. La meccanica molecolare si basa inoltre su un modello fisco estremamente semplice: le strutture molecolari sono trattate come se fossero composte da una serie di sfere (atomi) dotati di una certa massa, dimensione e carica, vincolate da forze elastiche (legami), utilizzando di conseguenza le leggi della meccanica classica per trattare le diverse interazioni che hanno luogo nella molecola reale secondo un modello che viene parametrizzato empiricamente. Un concetto chiave su cui si basano i campi di forze è quello della trasferibilità, che fa sì che parametri sviluppati e testati per un numero relativamente piccolo di casi modello possa essere usato per studiare molecole molto più grandi.

Campi di forze

La costruzione di un campo di forza può essere ricondotta a due fasi importanti:
1. La scelta della funzione matematica che descrive l'energetica del sistema. Questa scelta è basata sull'assunzione che l'energia potenziale di una molecola possa essere rappresentata come una somma di termini associati rispettivamente con i vari tipi di deformazioni molecolari (variazioni di lunghezze di legami, angoli di valenza o di torsione) o interazioni atomo-atomo. L'energia sterica calcolata dalla somma di questi termini rappresenta l'energia addizionale associata alle deviazioni della struttura rispetto a una situazione ideale dove tutti gli elementi geometrici sono in uno stato di riferimento.
2. La scelta dei parametri da inserire nella funzione matematica. Questa scelta è basata sull'ipotesi che i parametri necessari per calcolare l'energia molecolare possano essere derivati dalle informazioni ottenute da molecole piccole (lunghezze e angoli di legame) e che questi siano trasferibili a sistemi grandi.
   La maggior parte dei campi di forza usati attualmente per simulare strutture molecolari può essere rappresentata come somma di quattro contributi, relativamente semplici, che descrivono le forze intra e intermolecolari all'interno del sistema:

$$E_{tot} = E_{stretching} + E_{bending} + E_{torsion} + E_{non\text{-}bonding\text{-}interaction}$$

I campi di forza di nuova generazione possono avere termini di energia addizionali, conservando invariabilmente queste quattro componenti principali. Una particolare caratteristica di questa rappresentazione è quella che i cambiamenti in specifiche coordinate interne (come le lunghezze di legame, gli angoli, le rotazioni dei legami, o i movimenti di atomi relativi allo spostamento di altri) possono essere attribuiti ai singoli termini di energia potenziale.

Come anticipato, per definire un campo di forza occorre specificare non solo la natura della formula matematica associata al potenziale, ma anche i parametri empirici, in quanto un campo di forza è generalmente disegnato per predire in particolare le proprietà molecolari di tipo strutturale (conformazioni) e deve essere ben parametrizzato di conseguenza. Infatti, due campi di forza possono avere un'identica formulazione matematica pur avendo parametri molto differenti, e campi di forza con differenti forme funzionali possono dare risultati aventi una precisione confrontabile. Va ricordato che i campi di forza sono empirici, non esiste dunque una forma "esatta" per un campo di forza. Brevemente prenderemo in considerazione i singoli contributi del campo di forza:

1. Potenziale relativo allo *stretching* del legame ($E_{stretching}$): il primo termine nell'equazione, ritenuto fondamentale, descrive le interazioni tra le coppie di atomi legati attraverso un legame chimico ed è rappresentato da un potenziale che dà la variazione di energia a seconda della deviazione della lunghezza di legame dal suo valore di riferimento. L'approccio più semplice per descrivere questo termine consiste nell'usare la legge di Hooke nella quale l'energia varia con il quadrato della variazione dal valore di riferimento della lunghezza di legame r_0: $E_{stretching} = k(r-r_0)^2$.

2. Potenziale relativo al *bending* di un angolo di legame ($E_{bending}$): il secondo temine è relativo all'energia potenziale implicata nella deformazione di un angolo di legame (*bending*). Per questi termini si possono utilizzare delle funzioni matematiche simili a quelle di *stretching* del legame, ma sono necessari ora tre atomi per definire l'angolo. Anche qui il contributo di ciascun angolo è caratterizzato da una costante di forza k e da un valore di riferimento ϑ_0. È richiesta una minore energia per far deviare un angolo dal suo valore di equilibrio rispetto a quella richiesta per allungare o comprimere un legame e le costanti di forza sono quindi proporzionalmente più piccole: $E_{bending} = k(\vartheta - \vartheta_0)^2$.

3. Potenziale relativo alla variazione di un angolo diedro rotabile ($E_{torsion}$): il terzo termine nell'equazione è il potenziale torsionale che descrive come varia l'energia in seguito alla rotazione dei legami di un angolo diedro. Si definisce angolo diedro rotabile quella proprietà geometrica associabile alla presenza di quattro atomi interconnessi da tre legami chimici di cui quello centrale con ordine di legame pari a uno (legame semplice). Va sottolineato che le deformazioni di *stretching* e di *bending* dei legami sono definiti come gradi di libertà piuttosto rigidi, cioè occorre una notevole quantità di energia per provocare deformazioni delle coordinate geometriche di riferimento. La maggior parte delle variazioni nella struttura e nelle energie relative sono dovute al termine torsionale e ai termini di non legame. Inoltre, l'esistenza di angoli diedri e di barriere di rotazione intorno ai legami chi-

mici è fondamentale per capire le proprietà strutturali delle molecole e l'analisi conformazionale. I potenziali torsionali sono espressi come uno sviluppo in serie di coseni. Una possibile rappresentazione della funzione matematica associata a una variazione di angolo diedro rotabile è quella seguente:

$$E_{torsion} = \sum E_n/2 \ [1+\cos(n\omega-y)]$$

4. Potenziale relativo al termine di energia potenziale $E_{non\text{-}bonding\text{-}interaction}$: questo termine tiene conto delle diverse interazioni tra coppie di atomi che si trovano in diverse molecole o che si trovano nella stessa molecola, ma che sono separati da almeno un legame chimico. Nei campi di forza il termine *non bonding* è di solito rappresentato usando un potenziale di Coulomb per le interazioni elettrostatiche e un potenziale Lennard-Jones per le interazioni di van der Waals. Per introdurre il primo di questi due possiamo ricordare che gli elementi chimici più elettronegativi attraggono gli elettroni di legame in misura maggiore degli elementi meno elettronegativi, dando luogo a un'ineguale distribuzione di carica nella molecola. Questa distribuzione di carica può essere rappresentata in vari modi; uno tra gli approcci più comuni consiste in un distribuzione di cariche puntiformi frazionarie distribuite all'interno della molecola. Queste cariche vengono introdotte in maniera da riprodurre le proprietà elettrostatiche della molecola. Se le cariche frazionarie puntiformi vengono collocate nel centro di massa di ogni atomo (posizione occupata dal nucleo) sono spesso riportate come cariche atomiche parziali. Le interazioni elettrostatiche tra due molecole (o tra differenti parti della stessa molecola) sono poi calcolate come una somma d'interazioni tra coppie di cariche puntiformi usando la legge di Coulomb, dove N_A ed N_B sono il numero di cariche puntiformi nelle due molecole, q_i e q_j le cariche atomiche parziali degli atomo i e j, ε_0 la costante dielettrica del mezzo in cui le cariche sono immerse (come esempio, questo valore assume valore pari a 1 nel caso del vuoto, oppure 78 nel caso dell'acqua) ed r_{ij} la distanza tra le due cariche q_i e q_j:

$$E_{elect} = \sum_{i=1}^{NA} \sum_{j=1}^{NB} \frac{q_i \, q_j}{4\pi\varepsilon_0 \, r_{ij}}$$

Le interazioni elettrostatiche non tengono conto di tutte le interazioni che ci sono tra gli atomi non legati in un sistema. Gli atomi dei gas nobili sono un ottimo esempio: avendo momento dipolare uguale a zero, non possono presentare interazioni dipolo-dipolo o interazioni dipolo-dipolo indotto. La più nota tra le funzioni del potenziale di van der Waals è la funzione di Lennard-Jones 12-6. Il potenziale di Lennard-Jones 12-6 contiene due parametri adattabili: il diametro di collisione σ (corrispondente a una separazione tra gli atomi r tale che l'energia di interazione sia nulla) e la profondità della buca di potenziale

$$E_{(r)} = 4\lambda \left[\left(\frac{\sigma}{r} \right)^{12} - \left(\frac{\sigma}{r} \right)^{6} \right]$$

Come sottolineato precedentemente, la scelta dei parametri empirici da introdurre nelle varie componenti di energia potenziale di un campo di forze è cruciale per garantire la massima accuratezza chimica nelle informazioni energetiche da esso calcolabili. In questo contesto, il concetto di *"atom types"* può essere considerato uno dei concetti fondamentali in meccanica molecolare e sta alla base di tutti gli aspetti dell'approccio qui presentato. I tipi di atomi, e non gli atomi stessi, sono fondamentali per calcolare le interazioni in meccanica molecolare. Gli atomi possono essere distinti in funzione della loro ibridizzazione, carica formale sull'atomo, tipologia di atomi legati all'atomo di riferimento. Per esempio, il campo di forze AMBER (www.amber.ucsf.edu) definisce 5 tipi di atomo per l'ossigeno:
- O, ossigeno carbonilico;
- OH, ossigeno idrossilico (alcol);
- O2, ossigeno di una acido carbossilico o ossigeno di un fosfato;
- OS, ossigeno di un etere o di un estere;
- OW, ossigeno dell'acqua.

Le interazioni in meccanica molecolare sono quindi calcolate tra tipi di atomi e non tra elementi. Così si calcoleranno interazioni *non-bonding* diverse tra gli ossigeni di due molecole di acqua e l'ossigeno dell'acqua e quello di un estere.

Minimizzazione dell'energia potenziale

Un sistema molecolare di N atomi può essere descritto da 3N coordinate cartesiane. Se invece usiamo le coordinate interne ci sono sei coordinate indipendenti (cinque per le molecole lineari), due delle quali corrispondono alla rotazione e alla traslazione della molecola, mentre le altre definiscono la configurazione e la struttura interna (i movimenti degli atomi). Per un sistema con N atomi, l'energia potenziale è quindi una funzione di 3N–6 coordinate interne o di 3N coordinate cartesiane. La modalità in cui varia l'energia potenziale in funzione delle coordinate è generalmente indicata come superficie di energia potenziale.

Nasce quindi la questione di determinare quale sia la geometria, fra tutte le conformazioni possibili, corrispondente all'energia potenziale più bassa, cioè la geometria più stabile. Gli arrangiamenti degli atomi con energia potenziale minima corrispondono a stati stabili del sistema, ogni spostamento da un minimo dà origine a una conformazione a più alta energia potenziale.

I metodi di minimizzazione dell'energia potenziale giocano quindi un ruolo cruciale nell'analisi conformazionale di un sistema molecolare. Infatti un'importante caratteristica di questi metodi è proprio la loro capacità di modificare le coordinate di un sistema molecolare avvicinandolo al punto di minimo più prossimo rispetto alla struttura iniziale.

La costruzione di algoritmi di minimizzazione efficaci è un problema molto noto in matematica. Nei casi complessi, per determinare i minimi sulla superficie di energia potenziale in genere si ricorre ad algoritmi matematici basati su metodi numerici. Esiste una vasta letteratura su questi metodi, tra i quali verranno selezionati quelli più comunemente usati in meccanica molecolare.

Si possono classificare gli algoritmi di minimizzazione in due gruppi:

1. algoritmi che non usano le derivate dell'energia potenziale rispetto alle coordinate, come il metodo dei simplessi (simplesso);
2. algoritmi che usano le derivate (prima e seconda) dell'energia potenziale rispetto alle coordinate. Le derivate possono essere ottenute analiticamente o numericamente. L'uso di derivate analitiche è preferibile perché sono precise e in più possono essere calcolate più velocemente. In alcuni casi può essere più efficace un algoritmo di minimizzazione non basato sulle derivate che fare ricorso a derivate numeriche. I metodi di minimizzazione che utilizzano le derivate possono essere classificati secondo il più alto ordine delle derivate impiegate. Metodi del primo ordine usano le derivate prime (cioè i gradienti) mentre metodi del secondo ordine sfruttano derivate sia prime che seconde:

- Metodo dello *Steepest Descent*: in questo metodo le coordinate atomiche si muovono nella direzione parallela alla forza netta, che equivale a muoversi in linea retta verso la discesa della superficie di energia potenziale. Il punto d'inizio per ogni iterazione k è la configurazione molecolare ottenuta dal passaggio precedente che è rappresentata da un vettore multidimensionale che contiene le coordinate di tutti gli atomi del sistema. La ricerca del minimo avviene a ogni passo lungo una direzione che è perpendicolare alla precedente. Solitamente, la minimizzazione procede rapidamente quando la geometria della molecola è lontana dal punto di minimo finale, ma procede lentamente (molte iterazioni) in prossimità del suo raggiungimento.

- Metodo del *Conjugate Gradient*: questo metodo è in grado di aumentare l'ottimizzazione della scelta del percorso verso il punto di minimo in maniera molto più efficiente rispetto allo *steepest descent*. Il metodo *conjugate gradient* usa un algoritmo che produce passo dopo passo direzioni mutuamente coniugate così che a ogni successivo step si ha un raffinamento della direzione verso il minimo. Questo sistema comporta che il gradiente successivo sia ortogonale a tutti i precedenti gradienti e che la nuova direzione sia coniugata alle precedenti e non ortogonale come nello *steepest descent*.

- Metodi del Secondo Ordine: sono i metodi che fanno uso di derivate seconde (matrice Hessiana), oltre alle derivate prime. Le derivate seconde danno informazioni sulla curvatura della superficie. Tra questi metodi ricordiamo il Newton-Raphson e le sue varianti, che introducono semplificazioni nel calcolo della matrice Hessiana.

Docking molecolare

La metodologia di *docking* molecolare ha come obbiettivo l'analisi dello spazio conformazionale che un ligando assume all'interno della cavità di riconoscimento del suo bersaglio molecolare. Lo scopo del *docking* molecolare è quindi quello di predire la struttura del complesso intermolecolare ligando-macromolecola. L'elevato numero di numero di gradi di libertà roto-traslazionali e conformazionali costringe l'introduzione di alcune semplificazioni procedurali. In particolare, si possono distinguere tre principali metodologie di *docking* in funzione del numero di gradi di libertà che vengono esplorati:

1. *Docking* molecolare rigido: rappresenta l'algoritmo più semplice, in quanto ligando e bersaglio sono considerati come dei corpi solidi e rigidi e, conseguentemente, il processo di *docking* utilizza esclusivamente i 3 gradi di libertà rotazionali e i 3 gradi di libertà traslazionali di una molecola (solitamente quella di dimensioni inferiori, ovvero il ligando) rispetto all'altra.

2. *Docking* molecolare semiflessibile: in questo caso, tutti i gradi di libertà roto-traslazionali e conformazionali del ligando vengono considerati durante la fase di generazione dei diversi complessi intermolecolari. Distanze e angoli di legame sono fissi mentre vengono modificati i valori dei diedri; il numero di gradi di libertà sale a $6 + N_{rb}$, dove N_{rb} indica il numero di legami che possono ruotare (rotable bonds). La struttura macromolecolare viene invece conformazionalmente congelata nello spazio durante la formazione dei possibili complessi intermolecolari.

3. *Docking* molecolare flessibile: questo tipo di algoritmo tiene conto della flessibilità conformazionale sia del ligando che della struttura macromolecolare. Le strutture proteiche sono molecole molto flessibili e possono esistere in diversi stati conformazionali separati tra loro da basse barriere energetiche. La ricerca conformazionale ideale del complesso proteina-ligando quindi dovrebbe tener conto sia della flessibilità del ligando che di quella della proteina. Dato che lo spazio conformazionale da esplorare è ancora troppo esteso per gli algoritmi disponibili, la flessibilità proteica si limita dunque alle catene laterali dei residui aminoacidici del sito attivo sfruttando librerie prestabilite di rotameri, ottimizzate per i singoli amino acidi.

Tra i software di *docking* maggiormente utilizzati ricordiamo MOE, Glide, FlexX, GOLD, PLANTS, MOLEGRO, ICM-Dock e AUTODOCK.

Protocolli di ricerca conformazionali

La complessità della ricerca conformazionale cresce combinatorialmente con il numero di gradi di libertà e ciò preclude nella pratica l'utilizzo di algoritmi deterministici (in grado cioè di garantire la soluzione ottimale). Per questo motivo l'algoritmo di ricerca conformazionale solitamente è di tipo euristico (la cui soluzione non è quella ottimale, ma la più approssimata). I principali approcci di ricerca conformazionale su cui si basano i programmi di *docking*, oggi disponibili, sono i seguenti:

1. *Sistematic search*: come suggerisce il nome, una ricerca sistematica esplora lo spazio conformazionale facendo regolari e prevedibili cambiamenti sulle conformazioni. La più semplice ricerca conformazionale sistematica, chiamata grid search, consiste nei seguenti passi: a) si identificano tutti i legami che possono ruotare all'interno della molecola (angoli diedri rotabili) e se ne vincolano i valori delle lunghezze di legame e gli angoli di legame; b) ognuno di questi particolari angoli diedri viene sistematicamente ruotato usando un incremento fisso fino al completamento dei 360°; c) tutte le conformazioni così generate sono soggette a minimizzazione dell'energia; d) la ricerca termina quando tutte le possibili combinazioni degli angoli dei diedri rotabili sono state generate e minimizzate. Il maggior inconveniente della ricerca sistematica è che il numero delle strutture generate e minimizzate cresca esponenzialmente con il numero dei legami che possono ruotare, un fenomeno conosciuto come "esplosione combinatoriale".

2. *Incremental search*: una strategia per limitare, almeno parzialmente, l'esplosione combinatoriale inevitabilmente associata alla ricerca conformazionale sistematica è di utilizzare frammenti molecolari a partire dai quali costruire le conformazioni. L'analisi conformazionale risulta dall'unione dei singoli conformeri associati ai diversi frammenti molecolari. Tali metodi possono essere più efficaci poiché ci sono molte meno combinazioni da esplorare rispetto a quelle associate alle variazioni degli angoli diedri rotabili. Ciò è particolarmente vero per frammenti ciclici che possono creare problemi nella ricerca conformazionale.

3. *Random Search*: Questo metodo comincia a partire da una possibile conformazione iniziale della nostra struttura con energia potenziale associata E0. Vengono quindi generate successive conformazioni mediante perturbazioni casuali della conformazione corrente ovvero attraverso un'assegnazione casuale del valore dei vari angoli diedri rotabili. La conformazione risultante viene sottoposta a una procedura di minimizzazione della sua energia potenziale con lo scopo di raggiungere il punto di minimo energetico più prossimo. Il processo viene quindi iterato attraverso cicli di variazione casuale dei valori dei diedri rotabili e minimizzazione dell'energia della nuova conformazione. Viene deciso se accettare o rigettare la configurazione in base alla differenza fra l'energia della conformazione corrente e quella della nuova conformazione (o conformazione candidata). L'algoritmo accetta sempre una soluzione candidato la cui energia Ej è inferiore a quella della conformazione corrente (Ei).

4. *Simulated Annealing* (SA): questa tecnica è divenuta negli ultimi anni una metodologia di ricerca conformazionale ampiamente utilizzata. Il SA è nato come metodo di simulazione del proceso di tempra (*annealing*) dei solidi. L'annealing è il processo con il quale un solido, portato allo stato fluido mediante riscaldamento ad alte temperature, viene riportato poi di nuovo

allo stato solido o cristallino, a temperature basse, controllando e riducendo gradualmente la temperatura. Questo approccio può essere applicato anche a sistemi molecolari dove aumentando la temperatura favoriamo la capacità di rotazione attorno ai diversi angoli diedri, mentre durante la fase di raffreddamento selezioneremo solamente quei valori di angoli diedri che comportano un minore contenuto di energia potenziale del sistema. Così come descritto dall'equazione di Boltzmann, alle alte temperature tutte le conformazioni ad alta energia sono accessibili, mentre alle basse temperature sono accessibili solo quelle conformazioni associabili a punti di minimo della superficie di energia potenziale.

5. *Genetic Algorithm* (GA): Nell'ultimo trentennio, le teorie sull'evoluzione naturale delle specie e trasmissione genetica hanno richiamato l'attenzione di matematici e ingegneri come fonte di ispirazione per nuove tecniche di ottimizzazione alternative a quelle basate sulle tecniche random search. Senza dubbio i più famosi algoritmi evolutivi sono stati sviluppati all'Università del Michigan da John Holland e collaboratori nel corso di un progetto di ricerca finalizzato all'analisi ed emulazione artificiale dei meccanismi di evoluzione naturale. Il loro meccanismo di funzionamento è riassumibile in una breve sequenza di operazioni: a) la generazione di un insieme iniziale di conformazioni (la popolazione), magari generate attraverso una delle tecniche precedenti; b) la selezione delle conformazioni più rappresentative in termini energetici (con più alto valore di fitness); c) l'alterazione delle conformazioni prescelte con meccanismi che emulano le leggi della genetica naturale e applicate ai valori dei singoli angoli diedri rotabili (duplicazione, mutazione, cross-over); d) la creazione di una nuova popolazione conformazionale, che contiene le migliori soluzioni e quelle modificate al punto 3; e) l'iterazione dei passi a-d. Questa tecnica consente di selezionare le migliori possibili conformazioni (soluzioni) tra un insieme molto elevato di soluzioni possibili ed è quindi particolarmente indicata nel risolvere problemi conformazionali di strutture chimiche caratterizzate da un elevato numero di angoli diedri rotabili.

Funzioni di scoring

All'interno di un protocollo di *virtual screening*, le *scoring functions* assolvono a due compiti: da un lato selezionano la conformazione più probabile del complesso ligando-proteina (*posing*), dall'altro ordinano i complessi relativi ai vari ligandi di un database per affinità (*ranking*), in modo da indicare quali siano i ligandi che interagiscono più favorevolmente con il bersaglio. Durante la fase di *posing*, dunque, la *scoring function* agisce da "analizzatore geometrico spaziale" allo scopo di identificare la migliore conformazione possibile del complesso ligando-proteina; nella fase di *ranking*, invece, la funzione opera come "classificatore energetico" dei complessi allo scopo di ordinarli in base alla relativa ΔG_{bind} o a un punteggio ad essa legato.

Esistono tre tipi di funzioni di *scoring*:

1. Funzioni di *scoring* empiriche: riproducono dati sperimentali, come le energie di *binding*, con una somma di diverse funzioni parametriche. I coefficienti dei vari termini si ottengono da un'analisi di regressione, utilizzando un *training set* di energie di *binding* determinate sperimentalmente e informazioni strutturali provenienti da diffrattometria ai raggi X. Il punto di forza di queste funzioni è che i loro termini sono in genere facili da calcolare, ma sono basati su approssimazioni simili alle funzioni del campo di forza; lo svantaggio è la stretta dipendenza che mostrano al *training set*. Possono includere termini non-entalpici come il cosiddetto *rotor term*, che approssima la perdita di entropia del ligando nella formazione del complesso come funzione della somma pesata del numero dei legami rotabili.

2. Funzioni di *scoring* basate sul campo di forza: sono basate su termini della meccanica molecolare del campo di forza. Possono presentare limitazioni perché sono state formulate in origine per modellare contributi entalpici in fase gassosa e non includono termini di solvatazione ed entropici. Inoltre richiedono l'introduzione di distanze di *cut-off* per il calcolo di interazioni di non legame, che sono scelte in modo più o meno arbitrario. L'utilizzo di questo tipo di funzione è limitato dai tempi richiesti per l'esecuzione del calcolo, per cui risultano di difficile applicazione a database molecolari di elevate dimensioni.

3. Funzioni di *scoring* knowledge-based: tentano di riprodurre dati strutturali sperimentali anziché stimare energie di *binding*. I complessi proteina-ligando sono modellati utilizzando potenziali di interazione interatomica abbastanza semplici. Viene definito un certo numero di *atom-types* di interazione che dipendono dall'intorno molecolare. L'assunto su cui si basano è che le disposizioni di atomi che si vedono più spesso nelle strutture cristallografiche siano le più favorevoli.

Predizione della struttura terziaria di una proteina attraverso la tecnica dell'*homology modeling*

Con l'avvento delle tecniche di clonazione e sequenziamento del DNA, si è ora in grado di identificare e isolare con notevole precisione una qualsiasi sequenza genica. Di conseguenza è ora anche possibile identificare molte sequenze proteiche codificate dai geni sequenziati, raccolte in banche dati accessibili da ogni parte del mondo. Tuttavia la maggior parte di queste sequenze sono orfane della loro struttura tridimensionale dato che rimane alquanto dispendioso, sia dal punto di vista economico che temporale, l'utilizzo di tecniche di diffrazione a raggi X e NMR per risolvere le strutture tridimensionali di questa moltitudine di proteine.

In questi ultimi anni, si sono sviluppate tecniche di modellazione di strutture proteiche allo scopo di abbassare sia i tempi che i costi di quelle sperimen-

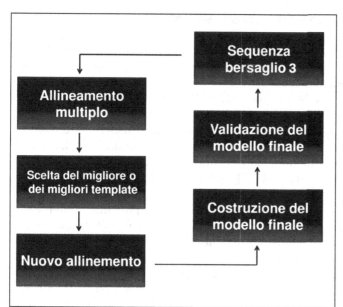

Fig. 5.2.
Rappresentazione
schematica dei
passaggi principali
della procedura
di *Homology
Modeling*

tali tradizionali. Le tecniche di modellistica molecolare permettono quindi di ottenere modelli ragionevoli di strutture proteiche, utilizzando strutture tridimensionali già risolte, come *template* (stampo) (Zhang Y 2008; Wallner B et al., 2005; Bourne PE et al., 2005).

Nel trattare le tecniche di modellazione proteica, si tende a usare indifferentemente il termine *Homology Modeling* e *Comparative Modeling*. Il realtà la prima strategia prende in considerazione famiglie proteiche con un'origine evoluzionistica comune (appunto "omologhe"), mentre la seconda pone la sua attenzione su proteine non legate da un punto di vista evoluzionistico. Questa differenza concettuale diventa tanto più importante se si pensa che in un *set* di proteine omologhe, la topologia è molto spesso estremamente conservata anche quando la similarità di sequenza primaria è relativamente bassa. Questo è possibile perché nel corso dell'evoluzione, all'interno di una famiglia di proteine omologhe, si sono presentate mutazioni puntiformi, tali da non sconvolgere né la topologia né la funzione proteica, pur differenziandone la specificità. Questa osservazione può quindi giustificare l'uso della tecnica di *homology modeling* anche per proteine con bassa similarità di sequenza.

I passaggi fondamentali nella creazione di un modello per omologia sono: a) l'identificazione e selezione dei *template* per la creazione del modello dalla sequenza *target*, determinando la loro similarità di sequenza; b) la costruzione del modello e c) ottimizzazione e validazione del modello sia dal punto di vista biochimico e biofisico, che da un punto di vista farmaceutico-farmacologico (Figura 5.2).

Identificazione dei *templates* e allineamento delle sequenze

Le informazioni strutturali delle proteine *template* sono disponibili in una banca data chiamata appunto *Protein Data Bank* (PDB). Queste strutture sono determinate sperimentalmente attraverso due metodologie principali, la cristallografia a raggi X e la spettroscopia NMR (*Nuclear Magnetic Resonance*). Una volta che la struttura proteica è stata determinata, le sue informazioni strutturali vengono depositate nel PDB. Al momento attuale il PDB contiene oltre 70000 strutture, le cui informazioni sono raccolte in file di dati, che contengono principalmente tutte le coordinate strutturali della proteina. La maschera di ricerca del sito web del PDB (http://www.rcsb.org/pdb) offre la possibilità di ricercare la proteina di interesse utilizzando il codice a 4 cifre oppure alcune parole chiave; una volta identificata la proteina di interesse, il file può essere scaricato, visualizzato e manipolato a seconda delle esigenze.

Il primo passo critico nella costruzione di un modello per omologia è l'identificazione della migliore o delle migliori strutture *template* dal PDB. A tale scopo sono disponibili diversi metodi tra i quali FASTA e BLAST. Esistono, inoltre dei metodi basati sull'allineamento multiplo di sequenze, di cui PSI-BLAST è forse l'esempio più autorevole. Parlando di *Homology Modeling* il *template* scelto dopo una ricerca BLAST dovrebbe avere un *E-value* basso che rappresenti una sufficiente vicinanza evoluzionistica tale da permettere la costruzione di un solido modello per omologia. Inoltre la tecnica di *Homology modeling* prevede l'utilizzo di almeno una struttura tridimensionale nota, ma è da notare che l'utilizzo di più *template* (*Multiple Homology Modeling*), dove è utile o necessario, potrebbe aumentare la qualità del modello.

Una volta identificato il *template* da utilizzare nella costruzione della proteina *target*, diventa fondamentale l'allineamento delle sequenze considerate in preparazione alla costruzione del modello proteico. L'allineamento è una procedura di comparazione allo scopo di confrontare i residui di due o più sequenze. Viene attuato attraverso algoritmi di allenamento, il più famoso dei quali è quello di *Needleman and Wunsch* e sue successive modifiche, e attraverso matrici matematiche in grado di assegnare un punteggio alle diverse sostituzioni aminoacidiche; tra esse spiccano la matrice PAM e la matrice BLOSUM. Nel caso vengano prese in considerazione proteine omologhe, l'allineamento è spesso soggetto a interventi dell'operatore allo scopo di allineare al meglio i sottodomini e i motivi strutturalmente e funzionalmente conservati. La procedura di allineamento ci permette, quindi, di identificare il *template* o i *templates* più adatti a fungere da stampo per la creazione della struttura terziaria della proteina *target*. Inoltre ci consente di cogliere le regioni conservate, l'evoluzione delle proteine all'interno della famiglia, e di comparare le sequenze primarie presenti all'interno della procedura di allineamento.

Costruzione di un modello tramite la tecnica di *homology modeling*

In generale, osservando un allineamento multiplo di sequenze all'interno di una famiglia di proteine omologhe, si può notare la presenza di regioni strutturalmente conservate e di regioni a variabilità strutturale. Le prime sono rappresentate da unità di struttura secondaria altamente conservata e fungono da punto di partenza nell'assegnazione delle coordinate da uno o più *templates* alla sequenza *target*. La trattazione delle regioni strutturalmente conservate è relativamente semplice e si esplica in una trasposizione delle coordinate tridimensionali del *template* o dei *templates* sulla sequenza *target* allineata. La situazione è decisamente più complessa nel momento in cui trattiamo regioni a variabilità strutturale. Esse sono spesso rappresentate da *loops (loop*: regione proteica priva di struttura secondaria localizzata tra due regioni α-elica e/o foglietto-β) oppure da inserzioni o delezioni derivanti da allineamento di sequenze di lunghezze diverse. La modellazione di queste regioni è sicuramente uno dei passi più delicati dell'intera tecnica, e per questo motivo sono state adottate varie strategie:

- Se il segmento ha lunghezza equivalente al *template* o ai *templates* è sufficiente trasferire direttamente le coordinate al modello così come nel caso delle regioni strutturalmente conservate.

- Nel caso mancasse un *template* adatto alla modellazione del *loop* esistono programmi basati sulla ricerca della plausibile struttura dei *loops*. Queste tecniche sono in grado cercare nel PDB strutture rappresentative del segmento in questione in base a delle imposizioni geometriche descritte precedentemente. Questo consente di avere come risultato una serie di ipotetiche strutture tridimensionali del *loop*, su cui viene attuato uno *screening* per individuare il più adatto a fungere da stampo per la modellazione. La scelta è effettuata tenendo in conto sia fattori sterici che energetici.

- Nel caso non fosse possibile individuare un *template* efficace ricercando nel PDB, è possibile utilizzare un'altra metodologia che consiste nella generazione di tutti i possibili valori associabili agli angoli diedri del *backbone* (scheletro carbonioso della proteina, caratterizzato dalla successione dei carboni α e dei legami peptidici) di un *loop*. Questa strategia è valida nel caso di piccoli peptidi, altrimenti il numero di calcoli diventa insostenibile e il risultato poco efficace.

Un altro problema cruciale nelle tecniche basate sull'*homology modeling*, è sicuramente l'individuazione della miglior conformazione delle catene laterali degli amminoacidi. Nel caso dovessimo modellare amminoacidi identici o altamente conservati (ad es. isoleucina e leucina, oppure serina e treonina), la catena laterale adotterà la stessa conformazione riscontrata nella struttura del *template*. Ma immaginando di avere mutazioni che coinvolgono residui dissimili nelle dimensioni o nella funzione (per esempio lisina al posto di glicina), la situazione diviene decisamente più complessa. In questo caso si può procedere inserendo la catena laterale casualmente, ma in una conformazione tale da bilanciare l'effetto sterico ed energetico derivante dal suo intorno chimico-fisico; altrimenti si può effettuare una ricerca di possibili conformazioni (definite rotameri) all'interno di una libreria generata computazionalmente. È da notare che la scelta di questa strategia può comunque portare ad allontanarsi molto dalla conformazione che possedeva il corrispettivo amminoacido nel *template*. Alla fine dell'intero processo può essere anche applicata una ottimizzazione globale basata su una minimizzazione energetica con gradiente coniugato per rifinire in maniera iterativa la posizione di tutti gli atomi pesanti del modello.

Validazione dei modelli

Una volta che il nuovo modello è stato costruito e rifinito, è necessario procedere a una sua validazione. Si possono distinguere due fasi:
- Validazione chimico-fisica;
- Validazione di tipo biologico-farmacodinamico.

Validazione chimico-fisica

Qualsiasi sia la metodologia scelta nel costruire un modello per omologia, il risultato finale deve necessariamente essere rifinito e valutato al fine di dimostrare che le proprietà strutturali del modello siano in linea con ciò che è noto delle strutture proteiche in generale. L'operatore si trova, quindi, a dover necessariamente effettuare alcune analisi sul modello al fine di verificare, ad esempio, che le conformazioni della catena proteica principale siano localizzate all'interno delle regioni permesse dal *Ramachandran Plot*; che i legami peptidici siano mediamente planari; che le conformazioni delle catene laterali corrispondano a quelle permesse all'interno delle librerie di rotameri; che l'intorno chimico di residui idrofobici o idrofilici sia adatto alle loro caratteristiche e che non permangano *clash* sterici (incongruenze steriche).

Validazione di tipo biologico – farmacodinamico

Un'altra importante e necessaria strategia di validazione di un modello consiste nello studio di mutazioni della proteina bersaglio presenti in letteratura, tali da alterare caratteristiche strutturali, di attività e nella conseguente trasposizione a livello del modello. Si tratta spesso di mutazioni puntiformi a livello di singoli aminoacidi, ma alle volte può anche essere utile la valutazione strutturale di mutazioni più estese tali da coinvolgere più aminoacidi contemporaneamente. Questa procedura è resa ancor più efficace se accompagnata dallo studio di affinità di piccole molecole la cui azione sia comprovata da studi fisiologici e biochimici. Attraverso la procedura di *docking* molecolare è possibile ricavare indicazioni importanti sulla validità di un modello, oltre a essere uno dei sistemi computazionali più utilizzati nella ricerca di molecole terapeuticamente efficaci.

Dinamica molecolare classica

La dinamica molecolare classica (MD) è una tecnica di simulazione computazionale mediante la quale è possibile studiare l'evoluzione temporale delle interazioni tra gli atomi presenti in un sistema, tramite l'integrazione delle loro equazioni di moto. (Leach AR 2001)

In dinamica molecolare sono rispettate le leggi della meccanica classica, in particolare la legge di Newton:

$$F_i = m_i \, a_i$$

dove i corrisponde a ogni atomo di un sistema di N atomi, m_i è la massa dell'atomo considerato, a_i è l'accelerazione ($a_i = d^2r_i \,/\, dt^2$) e F_i è la forza che agisce su di esso, dovuta all'interazione con gli altri atomi.

Conoscendo la forza relativa di ogni atomo è possibile determinarne l'accelerazione nel sistema. L'integrazione dell'equazione di moto produce una traiettoria che descrive posizione, velocità e accelerazione di ogni atomo e la loro variazione nel tempo. Le velocità iniziali sono generate in maniera casuale e viene poi calcolata l'energia potenziale relativa a ogni atomo. Le coordinate che identificano la posizione di ciascun atomo sono calcolate considerando le coordinate assunte dall'atomo nello *step* precedente. Le definizioni degli atomi e del calcolo dell'energia potenziale sono già state trattate nel paragrafo "meccanica molecolare e campo di forza".

Simulazioni di dinamica molecolare

Le simulazioni di dinamica molecolare sono comuni in ambito "bio-computazionale" e possono essere usate per simulare il *folding* di una proteina, analizzare lo spazio conformazionale di un *loop*, studiare l'effetto di una mutazione, valutare l'energia di legame di un inibitore.

Una simulazione di dinamica molecolare generica si suddivide in: parametrizzazione, minimizzazione, equilibratura, produzione, analisi (Figura 5.3).

Durante la parametrizzazione, la struttura da analizzare è parametrizzata secondo un campo di forza adeguato al sistema molecolare (i.e. una proteina può essere parametrizzata con AMBER, CHARMM o con OPLS). In condizione di solvente esplicito, si crea un involucro di molecole solvente (es. H_2O) che racchiude completamente il sistema molecolare in esame. La minimizzazione che segue prevede l'ottimizzazione geometrica del sistema molecolare. Quindi, in dinamica molecolare con solvente esplicito, si esegue l'operazione di equilibratura per omogeneizzare il solvente che avvolge il sistema da analizzare.

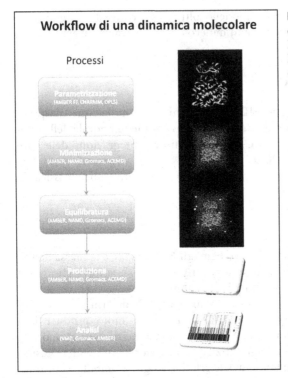

Fig. 5.3. *Workflow* di una dinamica molecolare. Il diagramma a blocchi presenta le fasi principali di un *setup* di dinamica molecolare

Parametrizzazione

I *files* fondamentali generati in fase di parametrizzazione sono due: il *file* di topologia (contiene le informazioni concernenti il tipo di atomi che compongono il sistema) e il *file* di coordinate (contenente le coordinate iniziali del sistema). Il *file* di topologia è specifico per il campo di forza e per l'*atom-type* usato.

La fase di parametrizzazione in solvente esplicito prevede generalmente:

1. Il bilanciamento delle cariche del sistema (aggiungendo gli ioni Na^+ o Cl^- necessari).
2. L'aggiunta del solvente in un box contenente il sistema in esame le cui dimensioni devono garantire la costante immersione del soluto (es. box cubico contenente una concentrazione di molecole di H_2O pari a 1 g/mL). Il box del solvente può aver forme diverse: sferica, cubica, ottaedrica o dodecaedrica.
3. La creazione di un file che contiene le coordinate cartesiane iniziali degli atomi nel sistema molecolare in esame (solvente implicito incluso) (es. per AMBER*.prmcrd).
4. La creazione di un file comprendente la topologia degli atomi che costituiscono il sistema (es. per AMBER*.prmtop), ovvero l'*atom-type*.

Minimizzazione

La minimizzazione è il processo di ottimizzazione geometrica del sistema molecolare in esame. Come precedentemente discusso, il minimo energetico si ricerca variando la posizione degli atomi e calcolandone l'energia in funzione del campo di forza utilizzato.

Equilibratura (del solvente)

L'obiettivo di questa fase è portare le molecole d'acqua in uno stato di equilibrio attorno al sistema molecolare in esame. Il raggiungimento dell'equilibrio del solvente dipende da proprietà quali volume, pressione, temperatura. Il monitoraggio di queste proprietà e la loro stabilità nel tempo permettono di stabilire se il sistema molecolare ha raggiunto l'equilibrio.

L'equilibratura è comunemente applicata in dinamica molecolare di sistemi proteici per distribuire omogeneamente il solvente sulla superficie della proteina e nelle sue cavità.

Un metodo di equilibratura comune prevede la riduzione della libertà di movimento degli atomi di carbonio α del *backbone* della proteina attraverso l'applicazione di un "vincolo posizionale" (es. *positional restrains, constraints*). Le catene laterali e le molecole d'acqua del solvente non sono soggette a vincoli.

Il progressivo riscaldamento del sistema molecolare nel tempo facilita il processo di equilibratura del solvente.

Fase di produzione

In dinamica molecolare di sistemi proteici, gli atomi di carbonio α del *backbone* della proteina vengono liberati dal vincolo posizionale e il sistema molecolare è libero di ricercare la conformazione più stabile nel tempo di simulazione stabilito.

La lunghezza della fase di produzione dipende dal problema che si vuole risolvere. Se l'obiettivo è analizzare le rotazioni delle catene laterali degli aminoacidi, la lunghezza della fase di produzione è dell'ordine delle unità/decine di nanosecondi (ns). Per analizzare ampi movimenti conformazionali di *loops* (15-30 Å) le fasi di produzione possono durare centinaia/migliaia di nanosecondi (ns).

La dinamica di produzione genera una traiettoria (insieme delle coordinate assunte dagli atomi nel tempo) che evidenzia l'evoluzione spaziale del sistema molecolare nel tempo in base alle leggi della meccanica classica.

Le dinamiche molecolari classiche di sistemi proteici possono essere condotte in differenti "ensemble": NPT (numero di molecole, pressione e temperatura costanti), NVT (numero di molecole, volume e temperatura costanti), NVE (numero di molecole, pressione e energia costanti).

Analisi dei risultati

La fase di analisi dei risultati prevede lo studio della traiettoria, dei parametri energetici, chimico-fisici generati durante la fase di produzione. I parametri calcolati durante la dinamica molecolare sono registrati comunemente in un *file di log*.

Un'analisi generica dei risultati di dinamica molecolare comprende: l'ispezione visiva della traiettoria generata dalla fase di produzione, l'analisi degli RMSD e delle distanze interatomiche, l'analisi dei parametri energetici e di altre proprietà chimico/fisiche calcolate.

1. Ispezione visiva della traiettoria durante la simulazione: quest'analisi permette di percepire graficamente le modificazioni geometriche e conformazionali dell'oggetto molecolare. L'ispezione visiva è fondamentale per la comprensione dei fenomeni studiati.

2. RMSD (*Root Mean Square Deviation*): è possibile costruire grafici rappresentanti lo scarto quadratico medio della posizione assunta da atomi, residui proteici durante la simulazione rispetto alla loro posizione iniziale di equilibrio. L'analisi di RMSD permette di valutare la "destabilizzazione geometrica" dell'elemento considerato. Una conformazione "instabile" si rappresenta generalmente con valori di RMSD elevato (> 2 Å) nel tempo di simulazione. In dinamica molecolare di sistemi proteici si valutano comunemente: l'evoluzione dell'RMSD del *backbone* nella scala dei tempi e l'RMSD per residuo (comparabile con l'analisi dei *B-factors*).

3. Distanze tra atomi e residui durante la dinamica: è possibile valutare la distanza tra due atomi e costruire un grafico che ne rappresenta l'evoluzione nel tempo. È dunque possibile valutare la stabilità di un'interazione nel tempo (es. ponte idrogeno: ≈ 3 Å).

Evoluzione dell'energia del sistema molecolare nel tempo: in una simulazione di dinamica molecolare classica all'equilibrio, l'energia converge generalmente verso un valore costante, evidenziando così la stabilità energetica complessiva del sistema.

Limitazioni e tecniche innovative

La dinamica molecolare classica è molto dispendiosa sul piano delle risorse computazionali e necessita tecnologie di calcolo in parallelo per rendere più accessibili i tempi di simulazione. I più diffusi algoritmi di dinamica molecolare sfruttano tecnologie di *cluster* di CPU, ma anche di GPU, la cui architettura si considera particolarmente vantaggiosa nei processi di parallelizzazione. (Harvey M et al., 2009) Esistono tecnologie hardware dedicate (es. ANTON) che consistono di supercomputer la cui architettura "toroidale" è stata concepita per compiere solamente simulazioni di dinamica molecolare. Questi supercomputer sono in grado di calcolare traiettorie nell'ordine dei millisecondi (ms) (es. dimerizzazione di un recettore di membrana) (Dror RO et al., 2010).

La dinamica molecolare classica è una simulazione "all'equilibrio" e non rappresenta il metodo computazionale più adatto/veloce per simulare l'avvenimento di "eventi rari" raggiungibili oltrepassando barriere energetiche elevate. A tale scopo si preferisce utilizzare delle tecniche "non all'equilibrio" di *Free Energy Calulations* come l'*Umbrella Sampling, la Metadynamics, PT-MetaDyn,* Bias-*Exchange MetaDyn* che permettono di tracciare un profilo della superficie di energia (*Free Energy Surface*) (Leone V et al., 2010).

Letture consigliate

Dror RO, Jensen MO, Borhani DW, Shaw DE (2010) Exploring atomic resolution physiology on a femtosecond to millisecond timescale using molecular dynamics simulations. J Gen Physiol 135:555-562

Harvey MJ, Giupponi G, De Fabritiis G (2009) ACEMD: Accelerating Biomolecular Dynamics in the Microsecond Time Scale. J Chem Theory Comp 5:1632-1639

Krieger E, Vried G (2003) Homology Modeling. In: Bourne PE, Weissing H (Eds) Structural Bioinformatics. John Wiley and Sons, Philadelphia, pp 509-525

Lager T, Hoffmann RD (2006) Pharmacophores and pharmacophore searches. WILEY-VCH Verlag GmbH & Co, KGaA, Weinheim

Leach AR (2001) Molecular modelling – Principles and applications. Pearson Education, England

Leach AR, Gillet VJ (2003) An introduction in chemoinformatics. Kluwer Academic Publishers, Netherlands

Leone V, Marinelli F, Carloni P, Parrinello M (2010) Targeting biomolecular flexibility with metadynamics. Curr Opin Struct Biol 20:148-154

Lindsay MA (2003) Target discovery. Nat Rev Drug Disc 2:831–838Wallner B, Elofsson A (2005) All are not equal: A benchmark of different homology modeling programs. Protein Sci 14:1315-1327

Zhang Y (2008) Progress and challenges in protein structure prediction. Curr Opin Struct Biol 18: 342–348

CAPITOLO 6

Archiviazione e analisi di dati di tipo chimico

Luca Sartori, Arianna Bassan

Introduzione

Nell'industria farmaceutica e in generale nell'ambito di discipline scientifiche quali chimica, chimica farmaceutica, biologia e farmacologia (le cosiddette Scienze della Vita), le banche dati (*database*) sono da molti anni considerate strumenti di uso quotidiano per l'archiviazione e la ricerca di informazioni più disparate. Ultimamente in ambito chimico-farmaceutico, e in generale nel settore delle Scienze della Vita, lo studio e lo sviluppo di nuove banche dati tende all'ottimizzazione del contenuto piuttosto che del contenitore, ovvero del sistema informatico che permette la gestione del dato. Gli studi e gli sviluppi dei cosiddetti contenitori, degli algoritmi e dei motori di ricerca, appartengono invece quasi esclusivamente al solo dominio dell'informatica. Questo pone l'area della chemoinformatica, che si occupa della creazione di banche dati per la registrazione e la ricerca di dati chimici, fisici e biologici, a cavallo di diverse discipline scientifiche.

In passato, agli albori della chemoinformatica, la progettazione e la creazione delle banche dati era condotta all'interno delle varie aree di ricerca, e cercava di fornire strumenti elettronici progettati appositamente per la gestione di informazioni molto specifiche. I primi esperimenti in tal senso furono condotti nel 1946 ed erano orientati alla simulazione di spettri rotazionali usando le macchine perforatrici prodotte da IBM. Pur non trattandosi di veri e propri computer nel senso moderno del termine, questi possono essere considerati i primi esperimenti per una gestione automatizzata di un dato analitico, e più specificatamente spettroscopico. Nel 1955 Chemical Abstract Service (CAS) creò un dipartimento di ricerca e sviluppo, ponendo le basi per la creazione di banche dati elettroniche per la gestione di dati e strutture chimiche. Subito dopo, nel 1957 fu descritto il primo algoritmo di ricerca di strutture chimiche, basato sul concetto di sottostruttura, che impiegava la cosiddetta tabella di connettività, ovvero *ctab* (Figura 6.1) per la descrizione e rappresentazione delle strutture chimiche; è importante notare che questo tipo di approccio alla gestione, ricerca e rappresentazione delle strutture chimiche è ancora oggi uno dei più usati al mondo.

Chemoinformatica. Massimo Mabilia
© Springer-Verlag Italia 2012

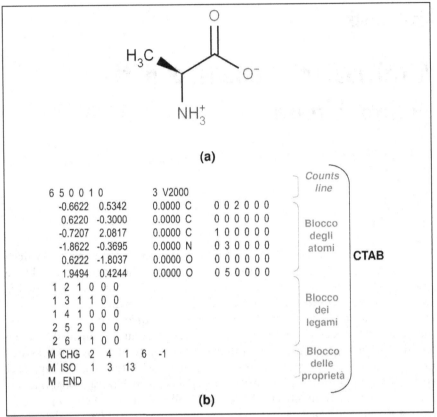

Fig. 6.1. La struttura dell'amminoacido alanina (a) può essere rappresentata dalla tabella di connetività (b), ovvero *ctab* (*connection table*) costituita da diversi tipi di informazioni (blocchi)

Dopo i primi esperimenti di archiviazione e gestione delle strutture chimiche, si dovette quindi affrontare il problema della loro rappresentazione grafica. I primi tabulati prodotti erano solo una serie di linee e di punti che cercavano di rappresentare nel miglior modo possibile le strutture chimiche, ma che erano ancora molto lontani dalla qualità odierna. I primi esperimenti in questo senso risalgono al 1959 quando fu impiegato un tubo catodico per la rappresentazione grafica di una tabella di connettività proveniente da un computer.

Il periodo di maggior sviluppo delle banche dati chemoinformatiche può a buon diritto essere situato tra la metà degli anni '60 e la fine degli anni '70, quando furono sviluppati importanti *database* per la chimica quali: Cambridge Structural Database (CSD) nel 1965, Documentation et d'Automatisation des Recherches de Correlations (DARC) nel 1969, e Protein Data Bank (PDB) fondato nel 1971 presso Brookhaven National Laboratory. Da ricordare inoltre che nel 1977 nacque la prima società per lo sviluppo di *software* espressamente dedicato alla chimica, ovvero Molecular Design Limited, Inc., fondata da Marson, Peacock e Wipke a San Francisco – Berkeley.

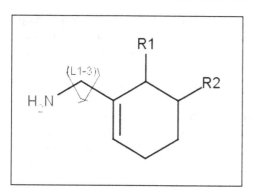

Fig. 6.2. Esempio di struttura di Markush. La struttura di Markush è utilizzata per descrivere una classe di composti chimici attraverso notazioni generiche

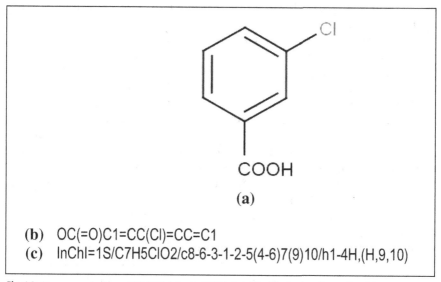

(a)

(b) OC(=O)C1=CC(Cl)=CC=C1
(c) InChI=1S/C7H5ClO2/c8-6-3-1-2-5(4-6)7(9)10/h1-4H,(H,9,10)

Fig. 6.3. Rappresentazione SMILES (b) e InChI (c) dell'acido 3-clorobenzoico (a)

Gli anni '80 videro invece la nascita di nuovi algoritmi di ricerca e di notazioni condensate per la rappresentazione delle strutture chimiche. In particolare si ricorda lo sviluppo della rappresentazione e ricerca delle strutture di Markush e la creazione di due importanti banche dati per la ricerca di strutture chimiche all'interno dei brevetti: Markush DARC System di Derwent e MARPAT di Chemical Abstract Service. La Figura 6.2 riporta un esempio di struttura di Markush (Figura 6.2). Nel 1988 fu sviluppato un importante nuovo tipo di notazione delle strutture chimiche, ovvero la notazione SMILES (*Simplified Molecular Input Line Entry System*) che venne utilizzata presso Pomona College nell'ambito del Progetto di Chimica Medicinale. Da quella data in poi la notazione SMILES (Figura 6.3) divenne una delle rappresentazioni di strutture chimiche più utilizzate.

Negli anni '90 vi fu un aumento quasi esponenziale di società per lo sviluppo di programmi e di banche dati non solo in ambito delle Scienze della Vita. Per quanto riguarda il settore chimico-farmaceutico, in questo periodo, oltre a quasi tutte le società di *software* per la modellistica molecolare, le quali prima o dopo avrebbero ognuna fornito un loro sistema proprietario di archiviazione e ricerca di strutture chimiche spesso tridimensionali (e.g., Chemical Design Limited, Tripos, Molecular Simulations Inc., Daylight, etc.), vennero lanciate sul mercato diverse piattaforme chemoinformatiche. Molecular Design Limited sviluppò MACCS-II in grado di gestire polimeri, formulazioni e miscele; CAS lanciò il già citato MARPAT File; Murral e Davies crearono ChemDB3D in grado di effettuare ricerche tridimensionali tenendo in considerazione la flessibilità conformazionale delle strutture chimiche. Un momento chiave nella storia della chemoinformatica fu lo sviluppo da parte di Molecular Design Limited (con il nuovo nome di MDL Information Systems) di ISIS, il primo sistema *client/server* commerciale basato su sistema operativo Windows, che permise l'accesso a moltissimi utenti alle sofisticate banche dati ospitate sui *server*.

Gli anni 2000 hanno visto la creazione di un numero crescente di banche dati pubbliche (ad accesso gratuito); importanti sono i *database* per la ricerca di strutture chimiche come PubChem creato da National Institute of Health e ZINC, un *database* di strutture chimiche tridimensionali sviluppato da Irwin e Shoichet. Diventano disponibili anche *database* per la ricerca di sequenze proteiche e genomiche (come NCBI e banche dati collegate). Negli anni 2000 è stata proposta anche l'ultima frontiera della notazione chimica, rappresentata dalla convenzione "International Chemical Identifier" (InChI) stabilita da IUPAC (The International Union of Pure and Applied Chemistry). Figura 6.3 riporta un esempio della rappresentazione InChI.

È importante osservare che il recente moltiplicarsi di banche dati è associato allo sviluppo di Internet e delle reti ad accesso veloce a basso costo. Tutti i più importanti *database* ad accesso gratuito quali NCBI sono infatti accessibili via Internet (e solo via Internet), e un potente motore di ricerca (anche per informazioni di tipo chimico) oggi disponibile è quello di Google (www.google.com).

Per una panoramica più esaustiva sulla storia della chemoinformatica si consiglia la lettura di un articolo di W. Chen apparso sul Journal of Chemical Information and Modeling nel 2006 (Chen, 2006).

Banca dati (*database*)

A questo punto, dopo la lunga carrellata storica, necessariamente incompleta soprattutto per motivi di spazio, è necessario tentare di dare una definizione, se pur non rigorosa, almeno la più generica possibile, di cosa sia una banca dati indipendentemente dal suo campo di applicazione. Il nome stesso sta ad indicare una collezione ordinata e ricercabile di informazioni. Il supporto fisico su cui queste informazioni vengono archiviate non necessariamente deve essere elettronico, ma è chiaro che scrivendo oggi di banche dati, è quasi scontato che il supporto sia elettronico e il motore di ricerca sia un algoritmo scritto in un qualche linguaggio di programmazione.

Sono state individuate le seguenti caratteristiche fondamentali di una banca dati:

- I dati stessi che sono l'essenza della banca dati.
- Gli indici e il sistema di ricerca, che assieme ai dati caratterizzano la banca dati.
- Gli "accessori", che variano in funzione dei vari tipi di banche dati e dei relativi produttori e/o fornitori, e che possono comprendere programmi, funzioni, procedure, sistemi di gestione del *database* a livello di *software* e di interconnessione con il sistema operativo del computer che lo ospita e così via.

Si può quindi concludere che una banca dati sia un insieme ordinato, consistente e ricercabile di dati, la cui tipologia però non è rilevante. I dati possono spaziare dalle strutture chimiche all'elenco delle chiamate telefoniche effettuate con i telefoni cellulari sino alle spese effettuate con carte di credito. Anche limitandosi agli argomenti affrontati in questa pubblicazione, si scopre che comunque la tipologia delle banche dati nell'ambito della ricerca chimico-farmaceutica, e più in generale nel campo delle Scienze della Vita, è estremamente varia e diversificata. Si trovano ad esempio banche dati di strutture chimiche e di dati spettroscopici, in particolare di Risonanza Magnetica, di spettri Ultravioletti e Infrarosso e di spettri di Frammentazione di Massa. Queste banche dati sono utili strumenti perché consentono il riconoscimento di strutture chimiche note nel caso di analisi di impurità o di piccole tracce di sostanze; inoltre permettono anche l'assegnazione corretta di strutture nuove per similitudine con molecole già identificate.

Tra le molteplici e diverse banche dati a disposizione nell'ambito delle Scienze della Vita possiamo citare banche dati di:

a) reazioni chimiche (come ad esempio: CIRX di FIZ CHEMIE Berlin e Reaxys di Elsevier Properties SA);
b) strutture tridimensionali risolte ai raggi X di piccole molecole (come il già citato Cambridge Structural Database, CSD);
c) strutture tridimensionali risolte ai raggi X (e anche con NMR) di proteine (Protein Data Bank, PDB);
d) sequenze proteiche e genomiche (come i database accessibili attraverso National Center for Biotechnology Information, NCBI);
e) attività biologica (come PubChem lanciato da National Health Institute, NIH);
f) tossicità ambientale e animale (come i database accessibili attraverso Toxnet, gestito da U.S. National Library of Medicine);
g) effetti collaterali e indesiderati dei farmaci in commercio (come ad esempio le informazioni catalogate nelle seguenti banche dati accessibili via internet: "The Internet Drug Index", "Rxlist"; "Drugs Side Effects"; "Drugs Information Online, Drugs.com"; il sito inglese "Ask a patient").

Da non dimenticare un'altra area molto importante, ovvero quella delle banche dati in cui viene archiviata la letteratura primaria, sia essa rappresentata da articoli scientifici (PubMed, MEDLINE) o da brevetti; gli accessi possono essere gratuiti o a pagamento (come ad esempio CAS e ThomsonPharma),

È evidente che tutta questa diversa tipologia di dati richiede una vasta gamma di programmi specifici di supporto per la gestione e la ricerca di questi dati. Ricercare una reazione chimica o una struttura chimica necessita di un algoritmo diverso da quello per la ricerca e l'allineamento di sequenze proteiche o genomiche, che a sua volta sarà diverso da quello necessario per la ricerca e il confronto di immagini di tessuti umani o animali trattati e colorati con immunoistochimica. Di seguito non verranno forniti i dettagli di ogni algoritmo di ricerca specifico, ma solo una classificazione generale dei vari tipi di dati e alcuni esempi di banche dati commerciali o gratuitamente accessibili (pubblici).

I capoversi precedenti hanno riportato una definizione generale di banca dati e discusso anche alcuni esempi di contenuti. Qui di seguito verrà fornita una descrizione generale della struttura e del funzionamento di una generica banca dati.

Esistono varie tipologie di banche dati che si differenziano per la struttura interna e l'organizzazione dei dati. Le banche dati più semplici sfruttano il sistema operativo che le ospita per mantenere organizzati i dati all'interno di uno o più *files*, e utilizzano speciali programmi come motori di ricerca. Uno degli esempi più noti è quello delle sequenze genomiche e proteiche, le quali vengono archiviate nelle cartelle di sistemi operativi come Linux e che vengono ricercate con programmi quali BLAST (http://blast.ncbi.nlm.nih.gov/Blast.cgi) o ClustalW (http://www.bimas.cit.nih.gov/clustalw/clustalw.html). Un livello superiore di complessità caratterizzava invece le prime banche dati prodotte da Molecular Design Limited (MDL), nelle quali veniva definita una gerarchia di dati durante la creazione della banca dati medesima; questi sistemi erano conosciuti come "banche dati gerarchiche". Le moderne banche dati si basano invece principalmente su due architetture, quella "relazionale" o quella "a oggetti". In entrambi i casi la costruzione della banca dati si può dividere in due fasi: a) la creazione delle tabelle che contengono i dati e la registrazione in esse dei dati, b) la definizione delle "relazioni" (da cui appunto "relazionale") tra le tabelle e i dati in esse contenuti. Nel caso di *database* "a oggetti", si definiscono invece le relazioni tra le proprietà degli oggetti (i dati) contenuti nel *database*. In sintesi, le moderne banche dati sono costituite da una serie di tabelle contenenti le informazioni necessarie al funzionamento del *software* (chiamate anche tabelle di sistema) e una serie di tabelle contenenti i dati veri e propri.

I dati vengono archiviati in campi di diversa tipologia definita in funzione del dato stesso da registrare: numerico, stringa alfanumerico, data, testo (di grandi dimensioni), o formato binario (di grandi dimensioni). I campi numerici possono a loro volta essere suddivisi in numeri interi e numeri reali. Ogni produttore di banche dati ha sviluppato una terminologia propria per indicare i vari tipi di campi; ad esempio Oracle (www.oracle.com) ha una nomenclatura leggermente diversa da SQLServer (www.microsoft.com), ma in generale tutte le banche dati possiedono i tipi di dati riportati sopra, con un certo grado di equivalenza.

Un importante aspetto che emerge dalla diversa tipologia dei campi che contengono i dati riguarda la gerarchia di formato. In pratica esiste un livello di specializzazione dei campi, ed esso stabilisce una gerarchia tale per cui diversi formati di campo possono essere scelti per un dato, ma la "precisione" con cui il dato può essere ricercato dipende dalla tipologia di campo prescelta. Per esempio, il campo più generico possibile è il campo di tipo "testo" o "stringa". In assenza di particolari esigenze di dimensioni, il campo stringa può contenere poche migliaia di caratteri (4000 byte) e la sua indicizzazione sarà strettamente alfabetica. Questo significa che campi di questo tipo potranno contenere lettere, numeri, date, caratteri speciali e così via, ma gli indici della banca dati tratteranno tutto il contenuto secondo il medesimo criterio alfabetico senza distinguere tra lettere e numeri. Ne consegue che, ad esempio, in fase di ricerca di un dato, la lettera A verrà prima delle lettera B, le maiuscole prima delle minuscole, i numeri prima delle lettere, ma 11 verrà prima di 2, perché in ordine alfabetico 1 viene prima di 2. È raro che esista la possibilità di effettuare operazioni logiche su campi di testo (o stringa), e in ogni caso gli algoritmi in questione seguiranno le regole di ordinamento alfabetico sopra descritte. Nel caso quindi si vogliano gestire numeri in maniera appropriata o si vogliano compiere operazioni matematiche o algebriche, i dati devono essere registrati in campi di tipo numerico, e a seconda dei casi, in formato reale (con la virgola) o in formato intero. Questi campi possono essere manipolati utilizzando una serie di funzioni matematiche disponibili nella banca dati, ma – ovviamente – potranno contenere solo numeri e sono quindi esclusi tutti i caratteri alfabetici o speciali. Nel caso della gestione di date (per registri di carico e scarico, fatture, o per tenere traccia della registrazione di un composto chimico e delle sue eventuali modifiche) si dovranno usare i campi di formato "data". Questi campi permettono – sempre tramite un insieme di funzioni apposite – di calcolare il tempo trascorso tra due eventi (ad esempio registrazioni e modifiche). Anche in questo caso le limitazioni aumentano: per poter usufruire delle apposite funzioni speciali si potranno registrare solo dati con appropriato formato di data. Vi sono infine i campi speciali per oggetti di grandi dimensioni (in Oracle si può arrivare a dimensioni di un oggetto nell'ordine dei GigaByte), sia in formato di testo ASCII che in formato binario. Questi campi sono di solito utilizzati per immagini (in formato binario) oppure per archiviare le strutture chimiche in formato *ctab* menzionato precedentemente (o formato equivalente).

Esempi di banche dati

Come osservato precedentemente, sono disponibili diverse banche dati nell'ambito chimico-farmaceutico e in generale nel settore delle Scienze della Vita. Di seguito verranno elencati diversi *database* rilevanti (ma di carattere generale) suddivisi in pubblici e commerciali; verranno poi discussi in particolare i *database* utilizzati per la ricerca e lo sviluppo in campo farmaceutico.

Database pubblici

Grazie a Internet è possibile avere comodamente (e gratuitamente) accesso a una notevole quantità di dati attraverso le seguenti piattaforme.

- Medline: il principale *database* di letteratura biomedica di U.S. National Library of Medicine; ricopre i campi della medicina, pediatria, odontoiatria, medicina veterinaria, il sistema sanitario e le scienze pre-cliniche.
- United States Patent and Trademark Office (http://patft.uspto.gov/): il *database* per la ricerca testuale dei brevetti depositati in USA.
- European Patent Office (Espacenet) (http://ep.espacenet.com/): l'equivalente Europeo per la ricerca brevettuale.
- NCBI (http://www.ncbi.nlm.nih.gov/): sito sviluppato da National Center for Biotechnology Information contenente diversi *database* per la bioinformatica e chemoinformatica; comprende infatti collegamenti a una ampia serie di banche dati specifiche, incluso Medline e PDB; recentemente è stato introdotto anche un *database* chimico di sostanze, strutture e attività biologiche (PubChem). PubChem BioAssay riporta dati di attività biochimica e descrizioni di saggi biochimici utilizzati per testare le sostanze chimiche contenute nel *database* PubChem Substance. PubChem Compound contiene strutture chimiche uniche che possono essere ricercate per nome, sinonimi o parole chiave. PubChem Substance d'altro canto contiene le informazioni relative alle sostanze registrate per via elettronica da parte di coloro che hanno inviato le strutture e i dati; riporta anche i collegamenti (*link*) ai siti originali di coloro che hanno registrato le informazioni.
- EMBL-EBI (http://www.ebi.ac.uk/): *database* di European Bioinformatics Institute e il suo motore di ricerca chimico, ChEMBL (https://www.ebi.ac.uk/chembldb/).

È importante sottolineare che tutti i siti sopra riportati sono classificati come *database*, ma sono anche cresciuti molto rispetto a un puro e semplice insieme di dati e motori di ricerca, sino a diventare dei veri e propri centri di informazioni e programmi utili per la ricerca, analisi e visualizzazione dei dati in essi archiviati.

Database commerciali

Molteplici sono i *database* commerciali rilevanti per le Scienze della Vita e qui di seguito ne vengono menzionati solo alcuni:

- Chemical Abstracts Service (CAS) (http://www.cas.org) è una divisione della Società Chimica Americana e fornisce il principale *database* di riferimento per le sostanze chimiche pubblicate o recensite in articoli, brevetti, etc.

- Thomson (http://thomsonreuters.com/) fornisce una vasta gamma di banche dati utili per le Scienze della Vita.
- Beilstein *database* (http://www.reaxys.com/info/) è distribuito da Elsevier con il nome di Reaxys.
- Comprehensive Medicinal Chemistry e MDDR sono distribuiti da Accelrys.

L'elenco fornito sopra non è assolutamente completo.

Database specifici per il campo chimico-farmaceutico

Una tipologia particolare di banche dati sono quelle sviluppate nell'ambito della ricerca industriale chimica-farmaceutica, in risposta a particolari e specifiche esigenze di questo settore. In effetti le condizioni – e le esigenze – che hanno portato alla creazione di applicazioni sempre più complesse per la gestione delle strutture chimiche e dei dati a loro associati sono estremamente peculiari dell'ambito farmaceutico, e si potrebbe quasi affermare che siano esclusivo dominio di questa tipologia di aziende.

Un dettagliato esame delle esigenze dell'industria farmaceutica evidenzia una serie di fattori specifici che hanno concorso alla nascita di queste banche dati e relativi programmi per la gestione e l'analisi dei dati. Il primo fattore è sicuramente associato all'istituzione del brevetto industriale, che permette lo sfruttamento commerciale dei farmaci, in regime di monopolio, per una durata minima di 20 anni. Da questo ne consegue l'esigenza di registrare e archiviare tutte le strutture chimiche sintetizzate all'interno dei laboratori di ricerca, in maniera accurata e documentabile in modo da poter – al caso – difendere il brevetto anche in sede legale. Lo strumento primario per la documentazione delle attività di ricerca è sempre stato – fino ai tempi più recenti – il quaderno cartaceo. Esso tuttavia presenta severe limitazioni nel caso in cui si debbano ricercare dati e strutture, tanto che viene considerato sicuramente un efficace strumento di archiviazione, ma risulta quasi inutile come banca dati (ovvero il quaderno cartaceo non offre un agile sistema di ricerca dei dati archiviati). La ricerca e il recupero di dati in un sistema di archiviazione cartaceo diventa assolutamente problematico nel caso in cui si debba collaborare con aziende dotate di centri di ricerca con migliaia di ricercatori spesso distribuiti in diversi siti geografici.

Il secondo fattore che ha contribuito allo sviluppo di sistemi informatici specializzati nell'ambito chimico-farmaceutico è collegato all'importanza che riveste, per la definizione di un farmaco, la specifica struttura chimica, avente stereochimica e regiochimica – se necessario – ben definite. Il terzo fattore è l'esigenza di documentare non solo la struttura chimica, ma anche i dati di attività biologica per uno o più meccanismi di azione e patologie, per poter quindi depositare il brevetto corrispondente.

Ne consegue, quindi, l'esigenza di possedere banche dati in grado di registrare, gestire e ricercare non solo strutture chimiche, ma anche tutti i dati (ad esempio biologici, farmacologici, e preclinici) a esse associati.

Si deve comunque riportare che anche in altre aziende chimiche – non farmaceutiche – si è sentita l'esigenza di creare banche dati in grado di gestire strutture e dati associati, ma con sostanziali differenze. Innanzitutto solo nell'industria farmaceutica la struttura chimica del farmaco ha un'importanza così rilevante, e la possiede proprio perché il farmaco, rappresentato dalla formula del principio attivo, è la radice a cui tutte le proprietà chimiche, fisiche e biologiche vengono ricondotte. In altre aziende chimiche le sostanze sono sicuramente importanti, ma esse spesso sono di solito rappresentate non da una singola (relativamente) piccola molecola, ma da miscele, polimeri, e composizioni le cui caratteristiche chimiche, fisiche e merceologiche sono spesso più importanti della singola struttura chimica del componente. Per esempio, nel campo delle vernici e dei coloranti, la composizione finale dipende non da una sola struttura chimica, ma più spesso da una ben dosata miscela di componenti oppure da una serie di passaggi di fissaggio o ancora da un insieme di trattamenti. Inoltre, solo nell'industria farmaceutica il numero di sostanze chimiche con strutture specifiche ha raggiunto livelli di decine – e in qualche caso centinaia – di milioni di composti diversi, e quindi un numero enorme di dati associati di tipo chimico, fisico e di attività biologica.

Una caratteristica fondamentale per le banche dati chemoinformatiche nell'industria farmaceutica è rappresentata dalla diversificazione e complessità dei dati che esse devono gestire. I dati infatti coprono diverse discipline scientifiche e praticamente richiedono l'uso di tutte le tipologie di campi che abbiamo elencato in precedenza. Oltre alla complessità dei dati, anche la loro gerarchia interna o relazionale è specifica di queste banche dati. Di seguito viene proposta una struttura ideale per la banca dati chemoinformatica.

Una banca dati chemoinformatica ben disegnata e progettata deve essere in grado di gestire informazioni a più livelli e per tipologie differenti di sostanze chimiche. In Figura 6.4 è riportata una struttura di banca dati (detta *data model*) in grado di soddisfare le esigenze sopra riportate. È curioso notare che nel caso di banche dati gestionali, finanziarie o amministrative la struttura dei dati è ormai ben consolidata, mentre nel caso delle banche dati chemoinformatiche per l'industria farmaceutica gli schemi tendono a essere continuamente messi in discussione. Forse proprio perché non esiste un modello ottimale vengono proposte diverse alternative, ognuna con limitazioni diverse. Non esiste ad oggi un *data model* riconosciuto come standard, come invece è accaduto, per esempio, per il formato dei *files* strutturali, siano essi in *ctab* o in SMILES. Nonostante la relazione tra sostanza, struttura chimica, lotti di produzione, analisi e dati biologici sia univoca, tutti i modelli proposti sono approssimazioni con importanti limitazioni nella gestione delle informazioni.

La Figura 6.4 illustra in modo schematico le relazioni esistenti tra i livelli di una banca dati chemoinformatica. Il primo livello (*root*) è rappresentato dalla sostanza chimica, che può essere un composto puro con stereochimica assoluta e conosciuta (stereoisomero), una miscela di due enantiomeri (due strutture chimiche che differiscono solo per un atomo di carbonio asimmetrico e che sono una l'immagine speculare dell'altra), una miscela racemica di più stereoisomeri, una sostanza salificata, oppure una miscela di varie molecole. In ogni

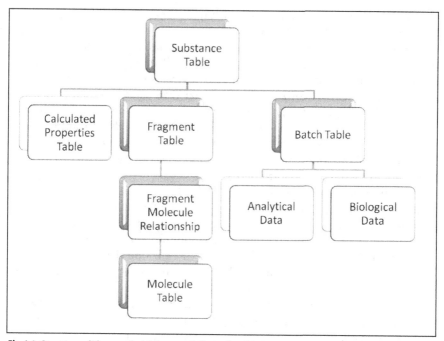

Fig.6.4. Struttura di banca dati (*data model*) per l'archiviazione di dati in ambito chimico-far-maceutico

caso la sostanza deve possedere un numero e una sigla identificativi della spe-cifica composizione, e questa nomenclatura deve essere univoca; deve cioè per-mettere di ricercare e identificare la sostanza in oggetto, inequivocabilmente. Alcuni dei casi sopra riportati, e precisamente quelli relativi alla stereochimica, sono espressamente gestiti dai motori di ricerca strutturali, e quindi sono parte integrata degli algoritmi di registrazione e ricerca. Altre situazioni invece pos-sono – e devono – essere gestite a livello di gerarchia nella banca dati.

Il secondo livello del modello proposto in Figura 6.4 include tre tipi di tabelle: 1) la tabella dei lotti di preparazione (*batch table*); 2) la tabella delle proprietà calcolate (e/o sperimentali) che si riferiscono alla sostanza; 3) la tabella che gestisce i frammenti associati alla sostanza nel caso in cui la sostan-za sia composta da più entità chimiche diverse.

Il terzo livello (legato alla *batch table*) comprende tutti i risultati sperimen-tali (ad esempio analitici e biologici) riconducibili alle diverse preparazioni. Si deve sottolineare che i dati sperimentali devono essere associati alla specifica preparazione, dal momento che le caratteristiche chimico-fisiche (come la purezza) possono variare da una preparazione all'altra, e perdere questa infor-mazione è concettualmente errato oltre a essere fonte di potenziali problemi, anche gravi e costosi.

Il terzo livello collegato alla tabella dei frammenti contiene la tabella che stabilisce la relazione tra i frammenti e le molecole (strutture chimiche) che li rappresentano. Infine il quarto livello ospita le strutture chimiche nei classici formati di *ctab*, SMILES o equivalenti.

Non riportato in Figura 6.4 perchè estremamente dipendente dalle implementazioni specifiche è il quarto livello relativo alla tabella *batch*, ovvero quello dei campioni (*samples*). Nei casi in cui i dati vengano prodotti automaticamente da strumenti robotizzati, i dati grezzi (*raw data*) non sono associati direttamente ai lotti (*batch*), ma sono associati al campione (*sample*) analizzato o testato, e tramite esso sono riconducibili al lotto (*batch*). Pertanto il quarto livello relativo alla tabella *batch* rappresenta l'area di *input/output* per lo scambio dati con l'automazione (ad esempio *robot* o *sample management*) e viene sempre ricondotto al lotto di origine.

La complessità di questo *data model* riflette la complessità di archiviare dati generati in un ambiente informatico estremamente flessibile e versatile, dove le relazioni tra i dati sono stabile dalle specifiche esigenze. Non a caso il motore del *database* viene definito "relazionale", appunto perché le relazioni tra gli oggetti (i dati) possono essere modificate in funzione delle ricerche che si vogliono condurre. Le relazioni tra i dati verranno ulteriormente approfondite nei paragrafi successivi (*Data Mining*).

La struttura di archiviazione dei dati (*data model*) e la struttura utilizzata per le ricerche dei dati non necessariamente sono identiche. Naturalmente se si vogliono ottenere tutti i dati relativi a una specifica sostanza, allora la gerarchia sopra descritta deve essere rispettata anche nel *data model* di ricerca. Se invece, ad esempio, si vogliono ritrovare tutti i campioni testati in uno specifico saggio (e in una specifica data), allora sarà più opportuno utilizzare un *data model* dove la gerarchia viene invertita e i campioni si trovano al primo livello. Questa differenza dipende dalle prestazione in fase di ricerca e da ragioni legate a una più semplice gestione dei risultati a livello di interfaccia con l'utente.

Quaderno di laboratorio elettronico

Una particolare tipologia di banche dati è stata sviluppata negli ultimi anni con l'obiettivo di trasferire su supporto elettronico i quaderni di laboratorio in formato cartaceo. Secondo una direttiva internazionale nota come CFR21 Part11, lo spirito alla base di questo progetto è quello di creare l'equivalente elettronico e informatico di tutta una serie di dati e informazioni che sino alla sua introduzione erano prodotti e archiviati su carta, così da renderne più semplice l'accesso, il reperimento, la consultazione e la distribuzione. Nasce quindi una specifica banca dati nota col nome di quaderno di laboratorio elettronico oppure ELN (*Electronic Lab Notebook*).

Le lodevoli intenzioni di questa iniziativa devono però confrontarsi con le differenze sostanziali tra i due tipi di supporto, cartaceo ed elettronico. Esistono fattori a favore e contro per entrambi i tipi di supporto. Il vantaggio del supporto cartaceo è la sua stabilità nel tempo, l'accessibilità e la riproducibilità – almeno da quando è stata inventata la fotocopiatrice. Tuttavia, il dato specifico in formato cartaceo ha lo svantaggio di essere difficilmente reperibile; i documenti cartacei, inoltre, occupano spazio e risorse per la loro gestione; l'organizzazione di tutti i documenti afferenti a una particolare sostanza può risultare problematica via via che il composto attraversa le varie fasi di sviluppo. La labilità del supporto gioca decisamente a sfavore del formato elettronico, in quanto il lavoro (anche in senso puramente termodinamico) che si deve compiere per mantenere efficienti i supporti elettronici è sicuramente superiore rispetto a un supporto cartaceo. Il supporto elettronico d'altro canto risulta decisamente conveniente nella gestione di grossi archivi, e quindi in generale vantaggioso per grandi gruppi di ricerca. Si può sicuramente affermare che il costo dell'infrastruttura informatica per gruppi medio piccoli, cioè tra le dieci e le cinquanta persone, è sicuramente più alto "pro capite" che non per gruppi più ampi.

Un aspetto a sfavore del formato elettronico è costituito dall'obsolescenza dei programmi che hanno generato i documenti. Le versioni dei programmi di uso comune – uno per tutti, Microsoft Office – vengono aggiornate con cadenze circa annuali. Un quaderno cartaceo vecchio di venti anni può essere tranquillamente letto da chiunque, mentre un file di un programma vecchio di venti anni può essere letto solo dal medesimo *software* o da uno compatibile. Quindi un costo aggiuntivo per i quaderni elettronici è rappresentato dalla necessità di garantire la futura accessibilità e leggibilità dei documenti in essi contenuti senza limiti di tempo, o comunque per almeno venti anni (cioè la durata normale di un brevetto). Ad oggi i quaderni elettronici sono all'inizio della loro fase di sviluppo e implementazione, e non vi è ancora una sufficiente casistica per affermare che la permanenza del dato e la sua accessibilità nel tempo sia – o meno – garantita senza limiti temporali.

Ciò che sicuramente avvantaggia il formato elettronico rispetto a quello cartaceo è la ricercabilità. Questo argomento verrà approfondito nel paragrafo successivo, ma è intuitivo, se non scontato, che un archivio elettronico sia dotato di indici e strumenti atti alla ricerca delle informazioni in esso contenute.

Un ultimo punto da approfondire riguarda lo scopo primario per la creazione e gestione di un quaderno elettronico, e il suo utilizzo principale. A questo scopo risulta fondamentale sottolineare le differenze concettuali tra il *data model* di un *database* chemoinformatico descritto nel paragrafo precedente e il *data model* di un quaderno elettronico. Come già descritto, il *data model* chemoinformatico gestisce le sostanze chimiche e tutti i dati a esse associate con una struttura gerarchica dove la sostanza è al primo posto. Il quaderno elettronico ha invece in generale una struttura dati molto più semplice nella quale tutte le pagine (cioè gli esperimenti) sono al medesimo livello e non sono collegate tra loro se non in termini di temporalità. Questo significa che solo le date in cui gli esperimenti vengono registrati ne determinano la successione, e non esiste a priori nessun'altra relazione. I vincoli della regolamentazione CFR21 Part11 contribuiscono successivamente a creare tutta una serie di tabelle dati e di funzioni all'interno della banca dati del quaderno elettronico tali per cui in realtà la struttura del *database* può risultare estremamente complicata nel caso si desideri estrarre informazioni usando le diverse relazioni. Ad esempio, in alcuni quaderni elettronici nessun dato registrato è cancellabile, ma solamente modificabile, e le modifiche vengono sempre e comunque registrate in tabelle cosiddette d'appoggio. Questo aspetto complica in maniera sostanziale la struttura della banca dati e la sua gestione. Senza entrare in dettagli troppo particolareggiati, si può dunque affermare che i due modelli di dati (chemoinformatico e quaderno elettronico) non siano facilmente combinabili. A questo va aggiunto che una delle funzioni implementate nel quaderno elettronico è quella di controllo e di gestione delle risorse. È ovvio come, a fronte di un archivio elettronico delle attività quotidiane, sia piuttosto semplice implementare strumenti di ricerca e di *reporting* atti a fornire l'assegnazione delle risorse ai vari progetti, l'utilizzo delle risorse, la produttività individuale e di gruppo o di progetto, il consumo di reattivi, solventi e così di seguito. Questo tipo di impiego dei quaderni elettronici va però a scapito della loro difficile – ma in linea teorica possibile – integrazione con le banche dati chemoinformatiche. La difficile integrazione tra quaderno di laboratorio e *database* chemoinformatico è riconducibile però non solo alla loro differenza di *data model* e relative relazioni, ma dipende anche dal fatto che le risorse impiegate da parte delle case produttrici e degli acquirenti vadano in una direzione differente dall'integrazione. Questa situazione crea (o comunque esiste un rischio reale in tal senso) una sorta di duplicazione dei sistemi di archiviazione: il primo è quello che serve a popolare il *database* chemoinformatico con tutti i dati prodotti di tipo chimico, fisico, analitico e biologico, il secondo è quello del quaderno elettronico. E questa duplicazione, oltre ad aumentare le necessità di risorse in termini di gestione dei sistemi *hardware* e *software*, da ultimo finisce per pesare sugli utenti che si trovano costretti, nella peggiore delle ipotesi, a registrare i dati due volte con sistemi diversi. Tutto ciò sarebbe evitabile se il disegno dei modelli di dati e le relazioni che si possono stabilire tra la struttura gerarchica per le sostanze chimiche e la struttura piatta per la gestione degli esperimenti (pagine di quaderno) fossero correlate da funzioni atte all'integrazione dei due domini, garantendone la cosiddetta integrità referenziale.

Analisi dei dati (*Data mining*)

Il termine *data mining*, sebbene recentemente sia divenuto di uso comune in molti campi, incluso quello della chemoinformatica nell'industria farmaceutica, risale in realtà a molto tempo fa. Infatti *data mining* altro non significa se non "estrarre informazioni (nascoste) dai dati". Il *data mining* è un'attività molto diffusa in quasi ogni settore industriale, finanziario e di ricerca scientifica, grazie alla recente esplosione di supporti elettronici per l'archiviazione e per la ricerca dei dati e grazie anche alla grandissima quantità di dati che vengono prodotti e poi archiviati.

Il *data mining* nella ricerca farmaceutica è un'attività estremamente variegata e complessa. Dal momento che *data mining* significa cercare di razionalizzare schemi non casuali all'interno di un insieme di dati, questa definizione si applica a ogni tipo di analisi e di ricerca eseguita sui dati archiviati nelle banche dati di strutture chimiche e dati associati. Data la vastità dell'argomento, cercheremo qui di fornire alcuni esempi di *data mining*.

Il primo esempio di *data mining* è lo studio qualitativo delle relazioni tra strutture chimiche e dati di attività biologica. Questo viene chiamato *Structure Activity Relationship* (SAR), cioè relazione tra struttura (chimica) e attività (biologica). Esistono molti approcci razionali per indagare la SAR di molecole farmacologicamente attive, ma tutti si rifanno all'assunto che molecole simili (strutturalmente) posseggano attività simili (biologicamente). Per cui risulta possibile studiare le variazioni di attività biologica mediante piccole variazioni della struttura chimica della molecola capostipite e, mediante l'osservazione dei risultati, migliorare le proprietà desiderate. Questo assunto qualche volta si trasforma in un paradosso come quando si osserva un drastico cambiamento del profilo di attività biologica in risposta a una minima variazione della struttura (a volte un solo atomo di carbonio in più o in meno). Ad esempio, l'introduzione di un gruppo metilico CH_3 può trasformare una molecola da agonista ad antagonista di una certa specie recettoriale.

Un'evoluzione della SAR si ottiene quando alle relazioni vengono applicati metodi (quantitativi) matematici di analisi, e la SAR diviene QSAR, cioè *Quantitative Structure Activity Relationship*. Anche in questo caso è essenziale avere una banca dati che sia in grado di fornire dati e strutture in modo preciso, riproducibili e tracciabili; si deve osservare che la banca dati assuma un ruolo di sostegno, ma non diventi parte integrante dell'analisi statistica, la quale viene svolta con programmi e algoritmi di solito situati al di fuori della banca dati medesima.

In una scala temporale, l'analisi SAR è nata decisamente prima dell'analisi QSAR; si possono far risalire le prime razionalizzazioni di relazioni struttura-attività alla fine dell'800, primi del '900, quando la chimica di scuola tedesca iniziò a identificare sostanze potenzialmente interessanti come farmaci, e dovette ovviare ai relativi effetti indesiderati, visto che in buona parte quelle molecole provenivano dalla chimica industriale dei coloranti (o simili). In seguito si è tentato di razionalizzare con metodi matematici le relazioni osservate, e vale la pena citare almeno due categorie di metodi: la Regressione Lineare e il metodo delle Componenti Principali. Contemporaneamente allo sviluppo dei metodi matematici, si sono studiati e proposti via via nuovi modi per descrivere le molecole in modo da avere delle rappresentazioni che fossero compatibili con i metodi matematici che si volevano applicare. Tutto questo ha originato un vasto campo di indagine che è stato approfondito nei capitoli precedenti.

Il principale vantaggio per gli studi di SAR che si ottiene utilizzando una banca dati opportunamente costruita risiede nella possibilità di aggiornare continuamente il set di dati di indagine a un costo – sia in termini di lavoro che di tempo – praticamente nullo.

Un altro esempio importante di *data mining* consiste nella capacità di rin-

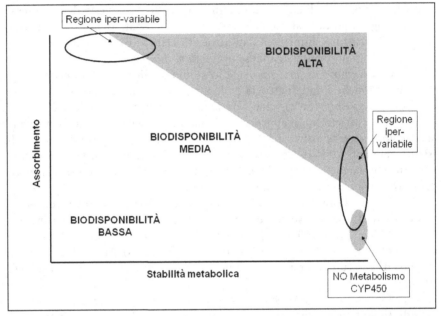

Fig. 6.5. Rappresentazione schematica della mappa per la valutazione grafica della biodisponibilità orale dei farmaci elaborata da Mandagere (Mandagere, 2002). La misura di assorbimento è stata effettuata attraverso le cellule Caco-2. La stabilità metabolica è stata derivata da preparazioni enzimatiche del fegato. Per ulteriori dettagli sul grafico si rimanda il lettore alla pubblicazione originale

tracciare ogni singolo dato relativo a ogni lotto di sostanze prodotte e testate. Se si considera lo studio di struttura-attività come un tipo di ricerca "orizzontale", cioè che spazia su più molecole tutte simili tra loro, questo altro tipo di ricerca si può considerare "verticale", cioè consiste in un'indagine molto approfondita su una sola molecola. Il raccogliere i dati relativi a una molecola viene di norma svolto durante le fasi di approfondimento, quando si deve scegliere quale molecola, all'interno di un determinato progetto e per una specifica classe chimica, dovrà essere selezionata per gli studi che condurranno alle prove cliniche. In questa fase si dovranno confrontare per le molecole candidate (e per ogni lotto di preparazione) tutti i dati di attività sulla proteina bersaglio, tutti i dati su altre proteine per la valutazione della selettività, tutti i dati sui modelli cellulari e sul meccanismo d'azione, tutti i dati di Assorbimento, Distribuzione, Metabolismo ed Eliminazione (ADME) e tutti i dati di Farmaco-Cinetica (PK), in modo da identificare la molecola che rappresenta il miglior rapporto tra potenza e profilo farmaco-cinetico e di metabolismo (ovvero la molecola dotata di migliore attività, minor effetti collaterali e migliore biodisponibilità). L'analisi dei dati a disposizione ha permesso di elaborare modelli che valutano i rapporti tra le varie proprietà, come esempio il modello rappresentato in Figura 6.5.

Un altro esempio di *data mining* è rappresentato dall'analisi dei dati ottenuti da campagne di screening (*High Throughput Screening*, HTS) condotte su decine o centinaia di migliaia di composti. In questo caso ciò che si ricerca è una serie di composti attivi nel saggio in esame. Per capire meglio cosa significhi condurre saggi di queste dimensioni, si devono esporre le basi di analisi statistica e gli approcci che vengono usati.

Innanzitutto per HTS si intendono saggi di attività biochimica (più raramente cellulare) dove si misura l'azione (di solito intesa come percentuale di inibizione) di una serie di composti – da 10000 a 100000, fino a più di 1000000 – nei confronti di una proteina, enzima o recettore. I saggi vengono svolti utilizzando piastre di polimeri adatti con 96, 384 o 1536 pozzetti in cui vengono posizionati i composti, i reattivi e le proteine necessarie.

Uno dei principali assunti per questo tipo di saggi è che – a priori – ci si aspetta che tutte le molecole abbiano la medesima attività nei confronti della proteina. In termini statistici significa che la distribuzione attesa dei risultati per molecole generiche (selezionate appunto in modo "casuale", ossia non disegnate appositamente come inibitori per la proteina in esame) sia di tipo simmetrico centrato sul valore 0 (distribuzione di Boltzmann). Nei casi in cui si stiano testando librerie di molecole appositamente progettate come inibitori della proteina in esame ci si aspetta una distribuzione bimodale, con un massimo centrato intorno al valore 0 di attività e un massimo locale centrato intorno all'80-90% di attività misurata, questo perché ci si attende un sensibile arricchimento della libreria in molecole attive. In ogni caso, comunque, una distribuzione probabilistica è attesa, e questo si deve riflettere in tutti gli aspetti del saggio. Ciò significa che non si devono vedere andamenti (*trends*) dei risultati in funzione della distribuzione dei composti nelle piastre, come ad esempio un effetto "corona" per cui tutti i composti nei pozzetti alla periferia della piastra mostrano attività maggiori o minori della media delle attività nella piastra. Oppure non ci si aspetta di trovare che una o più righe o colonne nelle piastre posseggano un'attività media marcatamente più alta o più bassa della media di tutti i pozzetti. Per verificare ciò si costruisce un semplice grafico con in ascissa le righe delle piastre, in ordinata le colonne e in ogni punto di intersezione la media di tutti i valori per il pozzetto situato in quelle coordinate. In Figura 6.6 è riportato un esempio di analisi su un *set* di risultati affetti da marcati errori di deposizione dei reattivi.

Conclusioni

Come si è visto nei paragrafi precedenti, la gestione dei dati prodotti nelle varie fasi della ricerca farmaceutica richiedono un elevato grado di sofisticazione a ogni livello immaginabile. Non solo i dati appartengono a varie tipologie, ma ogni fase o aspetto della ricerca ha caratteristiche peculiari che devono essere riflesse dai vari programmi e banche dati impiegate. Inoltre, le interfacce messe a disposizione degli utenti, devono essere intuitive e semplici da usare, per evi-

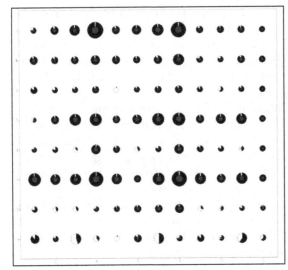

Fig. 6.6. Esempio di dati provenienti da *screening* affetti da errori sistematici. La dimensione di ciascun punto rappresenta la media dei valori di inibizione misurati in quella coordinata per tutte le piastre del saggio; il colore bianco all'interno dei cerchi indica la percentuale di attivi in ogni coordinata. Si vede che esiste un gradiente ciclico, e che gli attivi sono presenti in proporzioni sbilanciate nelle ultime due righe

tare errori e una curva di apprendimento troppo ripida che si può tradurre in perdita di efficienza e aumento dei costi di *training*. Se a questa complessità aggiungiamo la distribuzione geografica dei vari centri di ricerca, che possono benissimo essere localizzati su più continenti diversi, ci si rende conto di quale livello di complessità si possa celare dietro a una semplice richiesta di verifica della quantità disponibile di una certa sostanza, magari da impiegare in uno *screening* biologico.

Letture consigliate

Chen WL (2006) Chemoinformatics: Past, Present, and Future. J Chem Inf Model 46:2230-2255

Fisanick W (1990) The Chemical Abstract's Service generic chemical (Markush) structure storage and retrieval capability. J Chem Inf Comput Sci 30:145-155

Gasteiger J (2003) Handbook of chemoinformatics: from data to knowledge. Volumes 1–4. Wiley-VCH, Weinheim

Mandagere AK, Thompson TN, Hwang KK (2002) Graphical model for estimating oral bioavailability of drugs in humans and other species from their Caco-2 permeability and in vitro liver enzyme metabolic stability rates. J Med Chem 45:304-311

Morrisey S (2005) Database Debate NIH's PubChem chemical structure database draws ACS's concern. Chem & Eng News 83:5

Weininger D (1988) SMILES, a Chemical Language and Information System. 1. Introduction to Methodology and Encoding Rules. J Chem Inf Comput Sci 28:31-36

Glossario

A

ADME
Acronimo di "Assorbimento, Distribuzione, Metabolismo ed Escrezione" che sono le quattro fasi del percorso di una sostanza chimica (ad esempio un farmaco) dalla sua assunzione alla sua eliminazione in un organismo.

Allineamento di sequenze proteiche
Procedura computazionale nella quale vengono messe a confronto due o più sequenze proteiche per valutarne similitudini o differenze filogenetiche, strutturali e funzionali.

ALOGP
Predittore di lipofilia che si basa su contributi atomici.

Analisi delle Componenti Principali (PCA)
Tecnica di analisi multivariata per lo studio oggettivo del contenuto informativo di una tabella di dati.

Analisi Discriminante (DA)
Tecnica di tipo hard utile per costruire modelli di classificazione; se guidata da una tecnica di regressione quale PLS o O2PLS prende il nome rispettivamente di PLS-DA o O2PLS-DA.

Analisi farmacoforica
Strategia per costruire un modello farmacoforico tridimensionale, che descrive nello spazio le caratteristiche steriche ed elettroniche responsabili dell'interazione di un ligando con un target macromolecolare.

Analisi statistica multivariata di dati (MultiVariate data Analysis)
Insieme di metodi statistici per la trattazione di problemi nei quali le osservazioni sono descritte mediante un numero molto elevato di variabili descrittive.

ANOVA
Insieme di tecniche statistiche facenti parte della statistica inferenziale per l'analisi della varianza.

Atomtype
Insieme delle caratteristiche chimico-fisiche assegnate agli atomi del sistema molecolare in esame che ne permettono l'identificazione e la classificazione in funzione del campo di forza.

Autoscaling
Combinazione dello scaling Unit Variance e della centratura rispetto al valore medio.

B

BLAST (Basic Local Alignment Search Tool)
Algoritmo per la comparazione di sequenze proteiche.

BLOSUM (BLOck SUbstitution Matrix)
Matrice di sostituzione aminoacidica.

Box-Behnken
Piani sperimentali per la determinazione di una equazione del secondo ordine, a geometria regolare, che prevedono lo studio di ciascun fattore a tre livelli senza coinvolgere gli estremi degli intervalli di variabilità.

C

c.p. (center point)
Condizioni sperimentali corrispondenti al centro del disegno scelto per la sperimentazione.

Campo di forza
Set di parametri utilizzati per esprimere l'energia potenziale di un sistema di particelle; in ambito chimico-biologico, rappresenta una funzione di energia potenziale.

CCC (Central Composite Circumscribed)
Piano fattoriale composto circoscritto; i punti assiali sono disposti a metà dell'intervallo di variabilità di ciascun fattore, a una distanza dal centro tale che tutti i punti del disegno risultino circoscritti da una circonferenza

CCF (Central Composite Face-centered)
Piano fattoriale composto a facce centrate; i punti assiali sono disposti a metà dell'intervallo di variabilità di ciascun fattore.

Centratura
Trasformazione matematica che trasforma una variabile misurata in un'altra avente media nulla; si realizza sottraendo il valore medio della variabile misurata alla variabile stessa.

Centro di ionizzazione
Atomo legato al protone che viene ceduto al solvente durante la ionizzazione del composto.

Chemiometria
Termine coniato da Svante Wold e da lui definita come "l'arte di estrarre informazioni chimiche pertinenti da dati prodotti da esperimenti chimici, in analogia con biometria, econometria, etc." utilizzando modelli matematici e statistici.

Chemoinformatica
Secondo la definizione di Brown del 1998, "la chemoinformatica è l'insieme e unione di quelle risorse atte a trasformare dati in informazioni e informazioni in conoscenza, con lo scopo preciso di prendere decisioni migliori ed in tempi più brevi in funzione dell'identificazione di nuovi farmaci". Secondo la definizione più generale di Gasteiger del 2003, "la chemoinformatica è l'uso di metodi informatici atti a risolvere problemi chimici".

Classificatore naïve bayesiano
Semplice ma molto efficiente strumento di classificazione che si basa sul calcolo delle probabilità condizionali.

CLOGP
Predittore in silico di lipofilia sviluppato dal Pomona Medicinal Chemistry Project attorno al 1980.

Coefficiente K di Cohen
Parametro che indica la capacità di classificazione di un modello calcolato a partire dalla matrice di confusione; più il suo valore si avvicina a 1 più il modello è un buon classificatore.

Comparative modeling
Metodologia computazionale per la predizione della struttura terziaria di proteine non evoluzionisticamente correlate al loro templato.

Confounding
Combinazione lineare di coefficienti dell'equazione di regressione che si verifica quando le prove sperimentali sono state pianificate mediante un piano fattoriale frazionario.

Coomans' plot
Grafico utilizzato per rappresentare i risultati di un modello di classificazione SIMCA.

Correlazione
Indice che quantifica la tendenza di una variabile a variare in funzione di un'altra; il grado di correlazione fra due variabili può essere misurato mediante il coefficiente di correlazione di Pearson, che assume valore assoluto pari a 1 per variabili linearmente dipendenti ed è nullo in assenza di correlazione.

CPU
Central Processing Unit.

Cross-validazione
Tecnica di validazione interna usata per stimare il parametro Q2.

CTAB (tabella di connettività)
La tabella di connettività (connection table o ctab) viene utilizzata per rappresentare le strutture chimiche. Contiene informazioni in formato tabulare che descrivono le relazioni strutturali tra atomi nonché le proprietà degli atomi stessi. Gli atomi possono essere connessi totalmente o parzialmente da legami chimici. Un atomo può anche essere un frammento non connesso. Questa collezione di atomi può rappresentare ad esempio molecole, frammenti molecolari, sottostrutture, gruppi funzionali, polimeri e formulazioni.

D

Data integration
Problema dell'analisi dati tipico delle omics sciences il cui l'obiettivo è quello di confrontare l'informazione contenuta in diverse strutture di dati al fine di trovare relazioni fra di esse; un esempio è la ricerca delle relazioni fra trascritti, proteine e metaboliti per una certa tipologia di linea cellulare durante il suo sviluppo.

Data mining
Analisi di grandi quantità di dati al fine di estrarre informazioni altrimenti non note. Fa uso di tecniche statistiche e matematiche che permettono di individuare eventuali ripetizioni di dati, schemi ricorrenti e tendenze statisticamente rilevanti, al fine di identificare regole e relazioni logiche. Le analisi permette di comprendere relazioni di causa/effetto o di generare modelli che consentono di effettuare predizioni.

Data model
In relazione ai database, un data model è un modello astratto che definisce la struttura e l'organizzazione dei dati.

Database (banca dati)
Collezione ordinata e ricercabile di informazioni. Il supporto fisico su cui queste informazioni vengono archiviate non deve necessariamente essere elettronico; tut-

tavia la quasi la totalità dei database odierni utilizza un supporto di tipo elettronico ed un motore di ricerca basato su un algoritmo scritto in un appropriato linguaggio di programmazione.

Descrittore 0D
Famiglia di descrittori molecolari ottenuta a partire dalla formula bruta; sono descrittori di questo tipo il peso molecolare e quelli di conteggio degli atomi.

Descrittore 1D
Famiglia di descrittori molecolari derivata dalla formula bruta; sono descrittori di questo tipo le liste di frammenti strutturali.

Descrittore EVA (EigenVAlue)
Famiglia di descrittori di tipo 3D; il descrittore è un vettore costruito a partire dagli autovalori di una opportuna matrice che indica particolari proprietà del composto molecolare in esame.

Descrittore FRB
Descrittore che indica il numero di legami che possono ruotare presenti nella struttura del composto.

Descrittore molecolare
Oggetto matematico in grado di descrivere in modo utile e non ambiguo la struttura chimica di un composto.

Descrittore WHIM
Famiglia di descrittori di tipo olistico, che condensano cioè informazioni relative all'intera struttura molecolare in un unico numero reale; la loro costruzione è basata sulle coordinate degli atomi nella struttura 3D, su di una proprietà atomica di interesse e sulla diagonalizzazione di una opportuna matrice di covarianza.

Descrittori 2D
Famiglia di descrittori molecolari ottenuta a partire dalla rappresentazione bidimensionale della struttura chimica che tengono conto della connessione fra atomi; i descrittori topologici sono un esempio di descrittori 2D.

Descrittori 3D
Famiglia di descrittori molecolari ottenuta a partire dalla descrizione tridimensionale della struttura chimica.

Descrittori 4D
Famiglia di descrittori molecolari ottenuta considerando il concetto di campo prodotto dalla molecola nello spazio; sono il risultato di approcci tipo GRID o CoMFA.

Descrittori topologici
Famiglia di descrittori basata sulla rappresentazione 2D (bidimensionale) della struttura molecolare e sulla teoria dei grafi.

Disegno (o piano)
Disposizione, nel dominio sperimentale, delle condizioni sperimentali da testare.

Disegno sperimentale (design of experiments, DOE, experimental design)
Metodologia statistica per la pianificazione di una sperimentazione efficiente, per organizzare cioè un insieme di esperimenti in modo da ottenere dati con un elevato contenuto di informazione mediante il minor numero di prove sperimentali possibile.

DModX (distanza dal modello)
Valore numerico che indica la distanza di una osservazione dall'iperpiano del modello; è calcolato mediante la porzione di tabella di dati non spiegata dal modello.

Docking molecolare
Metodologia computazionale per la predizione dell'orientazione di una molecola legata ad un bersaglio proteico.

Dominio di applicabilità del modello
Spazio multidimensionale all'interno del quale il modello è applicabile.

Dominio sperimentale
Porzione di spazio n dimensionale (con n = numero di fattori) nelle variabili xi all'interno del quale il sistema viene studiato; è definito dal numero di fattori in esame e dai rispettivi intervalli di variabilità.

D-ottimale (disegno)
Disegno estremamente flessibile, adatto all'esplorazione di domini irregolari, a gestire lo studio di fattori qualitativi definiti a più di due livelli o allo studio di fattori di processo unitamente a fattori di formulazione; è inoltre in grado di considerare l'inclusione nel piano sperimentale di prove già effettuate.

E

ELN (Quaderno di laboratorio elettronico)
Acronimo di "Electronic Laboratory Notebook" ovvero quaderno di laboratorio elettronico. Nella definizione più generale, ELN sostituisce il quaderno di laboratorio cartaceo fornendo ai ricercatori una piattaforma elettronica per archiviare tutte le informazioni relative ai processi eseguiti. E'uno strumento per archiviare dati a scopo scientifico, tecnico e regolatorio.

Equilibratura
Fase della dinamica molecolare in solvente esplicito il cui scopo è il raggiungimento di una distribuzione omogenea del solvente attorno al sistema molecolare in esame.

F

FASTA (FAST-All)
Pacchetto software per l'allineamento di sequenza proteiche.

Fattore
Ciascuna variabile indipendente, generalmente indicata con la lettera x, che definisce lo stato di un sistema.

Fattori di formulazione
Fattori quantitativi vincolati dalla relazione $\sum_i x_i = 1$ e che, quindi, non possono essere vaiati indipendentemente gli uni dagli altri.

Fattori di processo
Fattori quantitativi che possono essere vaiati indipendentemente gli uni dagli altri.

Fattori qualitativi
Fattori che individuano una categoria.

Fattori quantitativi
Fattori il cui valore può variare su una scala numerica.

Features farmacoforiche
Sfere del modello farmacoforico che definiscono le caratteristiche chimico-fisiche dei diversi gruppi funzionali di un ligando.

Foglio di lavoro
L'elenco delle condizioni sperimentali effettuate e dei corrispondenti valori delle risposte misurate.

G

GPU
Graphic processing unit.

Grafo molecolare
Rappresentazione della struttura molecolare di un composto chimico attraverso le convenzioni della teoria dei grafi.

H

Hammett-Taft (equazioni)
Equazioni lineari che permettono di stimare l'influenza di un sostituente sull'acidità di un determinato centro di ionizzazione; tali equazioni sono proprie di ciascun centro di ionizzazione per il quale l'effetto del sostituente è descritto dalla corrispondente costante sigma.

Homology modeling
Metodologia computazionale per la predizione della struttura terziaria di proteine evoluzionisticamente correlate al loro templato.

HTS (High-Throughput Screening)
Processo di screening biologico applicato a un numero elevato di composti in maniera simultanea; richiede di norma un elevato livello di automazione.

I

InChI (IUPAC International Chemical Identifier)
Standard di rappresentazione delle formule chimiche introdotto dalla IUPAC; analogamente a SMILES, si tratta di una stringa di testo atta a rappresentare una struttura chimica per una successiva elaborazione al computer. Rispetto a SMILES il linguaggio InChI produce stringhe di testo la cui comprensione non è immediata.

Intervallo di variabilità (di un fattore)
Intervallo di valori definito dal livello inferiore (valore minimo) e dal livello superiore (valore massimo) che il fattore può assumere nella fase sperimentale.

L

Ligand-based drug design
Settore della ricerca farmaceutica computazionale volto all'identificazione e ottimizzazione di nuovi composti, in particolare quando la struttura tridimensionale del bersaglio molecolare non è nota.

Lipofilia
È definita per ogni composto chimico come il logaritmo decimale del suo coefficiente di ripartizione fra 1-ottanolo e acqua; indica la tendenza di un composto a preferire un ambiente polare piuttosto che uno meno polare.

Lipofilia apparente
Misura della lipofilia per specie ionizzabili che tiene conto di tutte le specie in soluzione.

Loading
Valore numerico che indica il peso di una particolare variabile descrittiva nel modello; nel caso di modello PCA, il loading definisce anche la direzione di proiezione nello spazio delle variabili.

M

Matrice di confusione
Tabella rappresentativa delle prestazioni di un modello di classificazione; per ciascuna osservazione, confronta la classe attribuita in predizione con la classe cui effettivamente l'osservazione appartiene.

Matrice di dati
Oggetto matematico relativo all'algebra lineare che rappresenta una tabella di dati mediante un insieme ordinato di righe e colonne.

Meccanica molecolare
Branca delle chimica computazionale che si prefigge lo scopo di descrivere le molecole (solitamente molecole di dimensione medio-grande) tramite le leggi della fisica classica.

Meccanica quantistica
Teoria che descrive i sistemi molecolari come una sovrapposizione di stati diversi e prevede che il risultato di una misurazione non sia completamente arbitrario, ma sia incluso in un insieme di possibili valori.

Metodi proiettivi
Tecniche di analisi statistica basate sull'operazione di proiezione; sono tecniche di questo tipo PCA, PLS, PLS-DA, O2PLS e O2PLS-DA.

Minimizzazione
Fase del processo di dinamica moleocolare che consiste nell'ottimizzazione geometrica del sistema molecolare.

MLOGP
Predittore di lipofilia proposto da Moriguchi che si avvale di numero ridotto di descrittori strutturali.

MLR (Multiple Linear Regression)
Regressione lineare multipla; metodo per la stima (mediante l'impiego di misure sperimentali o calcolate) di un modello matematico rappresentativo della relazione tra più fattori ed una risposta.

Model Validity
Parametro che esprime il confrontano tra l'errore sperimentale e l'errore associato al modello di regressione.

Modello farmacoforico
Combinazione della serie di features coinvolte nelle interazioni stabilizzanti ligando e bersaglio molecolare durante il loro processo di riconoscimento.

Modello
Equazione matematica che definisce la relazione $y_j = f(x_i)$ tra le risposte di interesse y_j ed i fattori x_i che influenzano lo stato del sistema; nella accezione relativa alla modellistica molecolare, con x_i sono indicati i descrittori molecolari.

Multivariato (sistema)
Un sistema è definito multivariato quando dipende da un numero di variabili indipendenti superiore a 2.

O

O2PLS (Orthogonal Projections to Latent Structures)
È una tecnica statistica multivariata che serve per mettere in relazione due blocchi di dati costruendo un filtro ortogonale per ciascun blocco; è una evoluzione della tecnica PLS che rimuove i problemi legati al rumore strutturato

Omics science
Insieme di discipline che utilizzano particolari piattaforme sperimentali per studiare aspetti della biochimica dei viventi; ad esempio, la trascrittomica studia l'attività di trascrizione delle cellule di un vivente; la metabolomica studia i metaboliti prodotti.

Ottimizzazione (obiettivo)
L'obiettivo di una sperimentazione è definito di "ottimizzazione" quando si ricercano informazioni dettagliate sul sistema, si desidera cioè stimare un modello che permetta di individuare le condizioni sperimentali di interesse con un basso errore in predizione; i modelli usati dipendono dalla complessità del sistema e posso essere di tipo lineare, quadratico e più raramente di terzo grado.

Outlier
Osservazione che risulta differire dalle altre sulla base di uno dei test statistici deputati alla individuazione di tali differenze.

P

PAM (Point Accept Mutation)
Matrice di sostituzione aminoacidica.

Parallel Factor Analysis (PARAFAC)
Tecnica di analisi dati per la realizzazione di pattern recognition nel caso di strutture dati aventi più di due dimensioni.

Parametrizzazione
Fase della dinamica molecolare che prevede l'assegnazione al sistema molecolare in esame della topologia, delle coordinate spaziali, delle cariche e dello stato di solvatazione.

Pareto scaling
Tipologia di scaling il cui il fattore di scalatura è la radice quadrata della deviazione standard della variabile.

Partizione ricorsiva
Semplice ma efficiente tecnica che produce schemi ad albero in cui l'insieme delle osservazioni in studio è suddiviso in due gruppi a ogni biforcazione dell'albero; la biforcazione è ottenuta mediante l'applicazione di una regola opportuna che coinvolge le variabili usate per descrivere il sistema; è usato di solito per problemi di classificazione a due classi.

Pattern di confounding
Tipologia il confounding; è dipendente dal piano fattoriale frazionario usato per la pianificazione delle prove sperimentali.

Pattern recognition
Tipo di analisi che si prefigge lo scopo di individuare tendenze caratteristiche fra le osservazioni quali raggruppamenti, outlier o andamenti.

PDB (Protein Data Bank)
Banca dati che raccoglie strutture proteiche ottenute attraverso diverse tecniche sperimentali.

pH
È una scala di misura dell'acidità di una soluzione acquosa; misura l'attività del catione ossonio.

Piano (o disegno)
Disposizione, nel dominio sperimentale, delle condizioni sperimentali da testare.

Piano fattoriale completo
Disegno a geometria regolare che permette l'esplorazione di un dominio simmetrico; prevede di testare ciascun fattore a ciascun livello stabilito per ciascuno degli altri fattori; permette la determinazione dei coefficienti dei termini lineari e di interazione.

Piano fattoriale composito

Disegno a geometria regolare che permette l'esplorazione di un dominio simmetrico; prevede prove aggiuntive rispetto ad un fattoriale completo in modo tale che ciascun fattore sia testato a 3 o a 5 livelli e permette, quindi, la determinazione di coefficienti del secondo ordine.

Piano fattoriale frazionario

Disegno derivante da un fattoriale completo per omissione di alcune opportune prove sperimentali; permette la determinazione dei coefficienti dei termini lineari e di interazione secondo il corrispondente pattern di confounding.

pKa

Logaritmo decimale dell'inverso della costante di ionizzazione di un acido in acqua; misura la forza di un acido nel cedere protoni all'acqua ed ha un valore tanto più piccolo quanto più forte è l'acido.

PLS (Projections to Latent Structures by Partial Least Squares)

Metodo di analisi multivariate in grado di modellare le relazioni esistenti tra due blocchi di dati, quello delle variabili indipendenti x_i e quello delle risposte y_j; la regressione viene condotta nello spazio latente ottenuto mediante proiezione.

Principio di minima idrofobicità

Principio secondo il quale nella messa a punto di nuovi farmaci dovrebbero essere preferiti quei composti con la più bassa lipofilia compatibilmente con l'affinità verso il recettore in studio.

Produzione

Fase della dinamica molecolare in cui si genera una traiettoria (insieme delle coordinate assunte dagli atomi nel tempo) che evidenzia l'evoluzione spaziale del sistema molecolare nel tempo.

Q

Q^2

Parametro che stima il potere predittivo del modello di regressione; il suo valore è compreso tra $-\infty$ e 1.

QSAR (Quantitative Structure Activity Relationship)

Metodologia che permette di costruire un modello matematico capace di mettere in relazione l'attività biologica di una sostanza chimica con la sua struttura.; in generale la struttura chimica viene codificata mediante l'utilizzo di descrittori molecolari che vengono utilizzati come variabili indipendenti nella costruzione del modello struttura-attività.

QSDAR (Quantitative Spectrometric Data-Activity Relationship)
Approccio per lo studio della attività biologica di molecole effettuato a partire da descrittori derivati da spettri sperimentali o calcolati; generalmente sono utilizzati spettri ottenuti mediante tecniche monodimensionali (ad esempio 1D-NMR oppure spettri di massa..

QSPR (Quantitative Structure Property Relationship)
Approccio secondo il quale le caratteristiche peculiari di composti chimici descritti in modo opportuno a partire dalla loro struttura chimica vengono messe in relazione con le proprietà chimico-fisiche dei composti stessi.

R

R^2
Coefficiente di determinazione; stima della discrepanza tra i punti sperimentali ed i corrispondenti punti del modello di regressione; il suo valore è compreso tra 0 e 1.

Ramachandran Plot
Sistema di visualizzazione degli angoli diedri del backbone proteico.

Regressione semplice
Metodo per la stima (mediante l'impiego di misure sperimentali o calcolate) di un modello matematico rappresentativo della relazione tra un fattore ed una risposta.

Reti Neurali Artificiali o ANN (Artificial Neural Network)
Strumenti di regressione o classificazione che permettono di modellare sistemi altamente non lineari che si basano sull'adattamento ai dati delle connessioni fra strati di unità elementari detti neuroni.

Risposta
Ciascuna variabile dipendente, generalmente indicata con la lettera y, che misura una proprietà di interesse del sistema.

RMSD
Grandezza che stima la differenza dei valori predetti da un modello e i valori osservati; è una distanza in Å ed esprime una misura di precisione.

S

SAR (Structure Activity Relationship)
Modello teorico che permette di identificare in maniera qualitativa una associazione tra la struttura di una sostanza chimica e la sua attività biologica o comportamento chimico-fisico. Le proprietà ADME possono essere qualitativamente predette mediante opportune analisi SAR.

Scaling
È una trasformazione matematica che produce una nuova variabile che ha un intervallo di variabilità diverso rispetto a quello della variabile di origine; di solito si ottiene moltiplicando la variabile misurata per un fattore di scaling.

Schema di frammentazione
Serie di regole per il calcolo del numero e tipo di frammenti nei quali può essere suddivisa una struttura molecolare; uno schema molto usato è quello del carbonio isolante.

Schema di frammentazione del carbonio isolante
Schema di frammentazione di una molecola secondo il quale vengono prima individuati e poi rimossi dalla struttura i "carboni isolanti" definiti come atomi di carbonio aventi particolari caratteristiche; le unità rimanenti sono chiamate frammenti.

Score
Valore numerico corrispondente all'entità della proiezione di una osservazione lungo una particolare direzione nello spazio delle variabili.

Scoring function
Funzione matematica che assegna un ranking ai vari complessi generati mediante docking; opera come "classificatore energetico" dei complessi allo scopo di ordinarli in base alla relativa ΔG_{bind} o ad un punteggio ad essa correlato.

Screening (obiettivo)
L'obiettivo di una sperimentazione e è definito di "screening" quando si ricercano informazioni preliminari sul sistema; i modelli utilizzati prevedono il calcolo dei soli coefficienti dei termini lineari oppure dei coefficienti dei termini lineari e di interazione.

SDEC (Standard Deviation Error in Calculation)
Stima dell'errore in calcolo del modello; è calcolato sul training set.

SDEP (Standard Deviation Error in Prediction)
Stima dell'errore in predizione del modello; è calcolato sull'insieme di osservazioni usato per la validazione del modello.

Selezione del training set
Per la costruzione di un modello è necessario utilizzare osservazioni altamente informative relativamente al responso di interesse; le tecniche di Design of Experiments, quali ad esempio D-optimal design e Onion D-optimal design, possono essere utilizzate per campionare l'insieme di tutte le osservazioni al fine di selezionare quelle più utili per la costruzione del modello.

SIMCA (Soft Independent Modeling of Class Analogy)
Tecnica statistica di classificazione di tipo soft basata su modelli PCA delle singole classi.

SMILES (Simplified Molecular Input Line Entry Specification)
Analogamente a InChI, corrisponde ad una stringa di testo finalizzata alla rappresentazione di una struttura chimica al fine di una successiva elaborazione al computer. Rispetto a InChI, il linguaggio SMILES ha il vantaggio di produrre stringhe di immediata lettura da parte di un utente. Per ulteriori informazioni: http://www.daylight.com/smiles/f_smiles.html.

Solubilità
Valore numerico che misura la concentrazione di soluto in una soluzione satura; è possibile definire una solubilità intrinseca per la specie neutra ed una solubilità dipendente da tutte le specie in soluzione se il composto è soggetto a ionizzazione.

Sostanze congeneriche
Insieme di composti chimici aventi caratteristiche simili fra loro rispettoad una particolare proprietà di interesse.

Spazio chimico
Regione di uno spazio descritto da opportune variabili (ad esempio score di un modello PCA) che racchiude i composti chimici in esame.

Spazio delle variabili
Spazio ottenuto considerando come sistema di assi di riferimento quello formato dalle variabili descrittive utilizzate.

Spazio latente
Spazio ottenuto per proiezione delle variabili descrittive; viene descritto dagli score del modello.

Superficie di risposta
Grafico bidimensionale o tridimensionale costituito da una superficie a curve di isolivello rappresentante i valori della risposta predetti dal modello di regressione all'interno del dominio sperimentale testato.

Superficie molecolare
Superficie di una molecola calcolata sulla base della sua rappresentazione 3D; può essere calcolata in diversi modi; uno dei più utilizzati è SASA (superficie accessibile al solvente).

T

T2
Valore numerico che indica la distanza dal centro del modello della proiezione di una osservazione sull'iperpiano del modello stesso; è calcolato come combinazione lineare degli scores.

Tabella delle connessioni
Rappresentazione computazionale della struttura molecolare contenente la lista degli atomi della molecola e l'elenco e la tipologia dei legami.

Tabella di dati
È una struttura organizzata in cui sono raccolti i dati di interesse; solitamente ciascuna riga della tabella rappresenta una osservazione del sistema in esame mentre in colonna sono indicati i valori assunti dalle variabili descrittive.

Tecniche supervised
Tecniche di analisi di dati in cui il modello è costruito sulla base di informazioni a priori; la PLS-DA è un esempio di tecnica supervised.

Tecniche unsupervised
Tecniche di analisi non guidate in cui cioè non è utilizzata alcuna informazione a priori; PCA è un esempio di tecnica unsupervised.

Template
Proteina le cui caratteristiche tridimensionali verranno trasferite al modello proteico da costruire.

Test di robustezza (obiettivo)
L'obiettivo di una sperimentazione è definito "test di robustezza" quando sono note le condizioni nominali di lavoro e si desidera stabilite se il sistema è stabile o meno rispetto a piccole variazioni dei fattori che lo influenzano attorno a tali valori.

Test set
Insieme formato dalle osservazioni utilizzate per la validazione del modello.

TPSA
Valore numerico indice della polarità del composto calcolato come somma di contributi atomici.

Training set
Insieme di osservazioni utilizzato per la costruzione del modello.

U

Unit Variance
Tipologia di scalatura; il fattore di scalatura è la deviazione standard della variabile.

V

Variabile descrittiva
Grandezza utilizzata per descrivere il sistema in studio.

Variabile latente
variabile che ha per elementi gli score ottenuti per proiezione; fornisce una visione delle osservazioni secondo il modello prodotto dalla tecnica di analisi utilizzata.

VIP (Variable Importance in the Projection)
Parametro che indica l'importanza di una variabile nel modello PLS.

Virtual screening
Docking molecolare applicato a databases di strutture allo scopo di selezionare i composti con maggior affinità per il bersaglio in esame.

Indice analitico